Tirshem Kumar Kaushik
Rohtash Chand Gupta

Aves das zonas húmidas de Haryana

Tirshem Kumar Kaushik
Rohtash Chand Gupta

Aves das zonas húmidas de Haryana

ScienciaScripts

Imprint

Cover image: www.ingimage.com

This book is a translation from the original published under ISBN 978-3-659-87086-6.

Publisher:
Sciencia Scripts
is a trademark of
Dodo Books Indian Ocean Ltd. and OmniScriptum S.R.L publishing group

120 High Road, East Finchley, London, N2 9ED, United Kingdom
Str. Armeneasca 28/1, office 1, Chisinau MD-2012, Republic of Moldova, Europe
Managing Directors: Ieva Konstantinova, Victoria Ursu
info@omniscriptum.com

Printed at: see last page
ISBN: 978-620-8-52773-0

ÍNDICE DE CONTEÚDOS:

"कर्मण्येवाधिकारस्ते मा फलेषु कदाचन।मा

कर्मफलहेतु र्भूर्मा ते संगोस्त्वकर्मणि "।।

"Yada Yada Hi Dharmasya, Glanirbhavati Bharat,

Aghyutthanam Adharmasya, Tadatmanam Srjamyaham"

"Paritranaya sadhunam, Vinasaya Ca Duskrtam,

Dharmasamsthapanarthaya, Sambhavami Yuge Yuge"

महाभारत युद्ध की झांकी, कांस्य रथ भगवान

कृष्णा और अर्जुन

PREFÁCIO

Temos o prazer de vos apresentar este livro sobre **"Aves de zonas húmidas de Haryana"**. A viagem foi bastante longa e incerta. Aconteceu que o Dr. Rohtash Gupta foi incumbido de uma tarefa de Proctor no Auditorium-Hall da Universidade de Kurukshetra, por ocasião do "Dia de Haryana", em 1 de novembro de 1986, que é celebrado todos os anos, de modo a chegar ao auditório às 8:30 da manhã. Nesse mesmo dia, o Dr. Gupta viu milhares de aves migratórias de inverno num enorme Sarovar, mais conhecido por BRAHMSAROVAR, a caminho da Universidade, enquanto conduzia uma bicicleta, o que talvez tenha marcado o início deste trabalho de investigação, embora de uma forma inesperada. No entanto, foi investida uma atenção séria, periódica e concentrada, a partir de 2005, a partir da qual o Dr. Tirshem Kaushik foi registado como bolseiro de investigação regular sobre o tema "ESTUDOS SOBRE A HISTÓRIA NATURAL DA FAUNA AVIÁRIA DE PONTES NATURAIS DE ALDEIA EM NORTE DO HARYANA". A partir de então, o nosso interesse tem-se concentrado nas aves migratórias de inverno, nas zonas húmidas de carácter rural em Haryana e, sobretudo, na avifauna de Haryana. Este livro é uma parte das observações efectuadas ao longo de cerca de 30 anos no Departamento de Zoologia da Universidade de Kurukshetra, em Haryana, na Índia. Se Deus quiser, faremos mais publicações sob a forma de livros, para mostrar a luz do dia ao vasto stock de dados escritos.

Este livro trata das famílias viz. Podicipedidae, Phalacrocoracidae, Anhingidae, Ardeidae, Ciconiidae, Threskiomithidae, Anatidae, Rallidae, Jacanidae, Charadriidae, Recurvirostridae, Laridae e ordens viz. Podicipediformes, Pelecaniformes, Ciconiiformes, Anseriformes, Gruiformes, Charadriiformes que vivem em aves, incluindo mergulhão pequeno, mergulhão-de-crista, corvo-marinho pequeno, corvo-marinho-indiano, corvo-marinho-grande, garça-vermelha, garça-boieira, garça-branca-pequena, garça-branca-mediana, Garça-real, Garça-da-lagoa, Garça-real-de-coroa-preta, Garça-cinzenta, Garça-roxa, Cegonha de pescoço preto, Cegonha de bico aberto, Cegonha pintada, Cegonha de pescoço branco, Íbis-preta, Íbis-brilhante, Íbis-branco-oriental, Colhereiro da Eurásia, Pinta-pau do Norte, Pardela do Norte, Marrequinha-comum, Gadwall, Garganey, Wigeon da Eurásia, , Pato de crista vermelha, Pato comum, Pato de tufos, Pato de pente, Pato assobiador menor, Pato assobiador grande, Ganso de cabeça barrada, *Ganso* de barriga cinzenta, *Pato* de peito branco, Galinha-d'água de peito branco, galinha-d'água roxa, galeirão-comum, grou-de-saras, abibe-de-cabeça-vermelha, abibe-de-cabeça-amarela, abibe-de-cauda-branca, abibe-do-rio, gaivota-de-pallas, gaivota-de-cabeça-preta, gaivota-de-cabeça-castanha, Todas as fotografias foram tiradas num estilo muito tradicional. A marca da máquina fotográfica é Zenith e a da objetiva é de fabrico russo. Esta máquina fotográfica e a objetiva foram carinhosamente trazidas da Rússia em setembro de 1986 pelo falecido Dr. J.S. Yadav para o trabalho de campo sobre aves e custaram 2700 rupias ao Dr. Rohtash Gupta. A câmara, na sua aparência, parece ser primitiva, mas tem feito um bom trabalho, melhor do que as câmaras de modems, que podem custar milhares de milhões de euros. Tentámos fornecer informações completas sobre cada ave, em vez dos seus caracteres de campo, etc. Mais importante ainda, identificámos muito claramente alguns factos, incluindo o seu estatuto de residente, migratória local, migratória de inverno e migratória de verão. Tentámos dizer algumas palavras sobre a chegada de cada ave no outono a Haryana Índia, seguida da sua partida em janeiro, fevereiro ou março de cada estação invernal. Tentámos também citar os nomes das aldeias onde as aves foram vistas nos charcos rurais tradicionais. Somos obrigados a registar aqui que, por volta de 2010, a situação dos lagos das aldeias era, em geral, satisfatória. No entanto, entre 2010 e 2016, a situação dos charcos rurais tornou-se lamentável. Ou foram desestruturados devido ao crescimento excessivo de jacintos, ou desapareceram devido aos esforços deliberados de invasão por parte de todos. É com pesar que constatamos que, atualmente, apenas 20% dos charcos sobrevivem. A maior parte dos lagos não existe, pelo que é deplorável a situação das aves migratórias das zonas húmidas que são vistas em Haryana em cada estação de inverno. Se estas aves migratórias húmidas estrangeiras de inverno prosperavam alegremente entre 196-2005 em Haryana e noutros locais da Índia, a sua situação atual é muito má. Aves como o grou de Saras, a cegonha de pescoço branco, o pato-comum, a cegonha de pescoço preto, a íbis branca oriental, a cegonha pintada, o abibe do rio, a gaivota de cabeça castanha, a andorinha-do-mar, o esponja-do-mar da Eurásia, o maçarico-de-bico-amarelo

O abibe tornou-se vulnerável, quase ameaçado e raro a nível mundial, de acordo com a IUCN, a CITES e a Lei de Proteção da Vida Selvagem, 1972. O objetivo deste livro, para além de publicar o nosso trabalho de investigação sob a forma de livro, é chamar a atenção do Governo de Haryana e do Governo da Índia para o facto de que cada lago existente em qualquer aldeia é um recurso polivalente e que deve ser rejuvenescido no âmbito do programa MNREGA. Se assim for, é de esperar que a conjugação de esforços possa dar início ao renascimento das aves húmidas migratórias invernais em Haryana e, aliás, em todo o território da Índia, pois estas aves húmidas migratórias invernais são os ícones patrimoniais lendários comuns do mundo. Importa recordar que as aves das zonas húmidas migratórias invernantes são dizimadas nos seus locais de invernada e países em várias partes do mundo, pelo que a sua dizimação é certa nos respectivos locais de origem, ou seja, nos locais de reprodução também. Até à data, nos últimos dois séculos, aves como o Dodó *(Raphus cucullatus),* o Elefante *Aepyornis maximus, a Moa Megalapteryx didinus, a Ema* da Ilha do Rei *Dromaius ater, a Ema* da Ilha do Canguru *Dromaius baudinianus, o* Pato-de-bico-vermelho *Tadorna cristata,* Pato da Reunião *Alopochen kervazoi,* pato da Maurícia *Alopochen mauritianus, pato* da Maurícia *Anas theodori,* pato de Amesterdão *Anas marecula,* pato do Labrador *Camptorhynchus labradorius, pato-mergulhão* de Auckland *Mergus australis,* codorniz da Nova Zelândia *Coturnix novaezelandiae,* a narceja-da-ilha-do-norte *Coenocorypha barrierensi,* a narceja-da-ilha-do-sul *Coenocorypha iredalei,* o *pinguim-de-magalhães Pinguinus impennis, o* carrilhão-vermelho *Aphanapteryx bonasia, o* carrilhão-do-havaí *Porzana sandwichensis* e o mergulhão-colombiano *Podiceps andinus* desapareceram, embora de forma lenta, mas aves como o pato-real, o pato-real, o pato-trombeteiro, o pato-rabilongo, o marreco, a gaivota, etc., desaparecerão muito rapidamente nas próximas 2-3 décadas do século atual, ou seja, no século XXI.ou seja, o século XXI.

MARÇO, 2016 AUTORES

CAPÍTULO 1

INTRODUÇÃO

O presente livro aborda o cenário atual das aves migratórias das zonas húmidas que visitam os lagos rurais de Haryana durante o inverno, vindas dos seus locais de origem de lugares longínquos como a Sibéria, a Rússia, a China, o Tibete e as regiões trans-Himalaias. As várias aves de zonas húmidas que foram observadas em Haryana durante o inverno incluem o ganso-de-cabeça-branca *Anser indicus,* o pato-do-norte *Anas clypeata, a* pinta-preta-do-norte *Anas acuta,* a marrequinha-comum *Anas crecca,* o pato-de-bico-vermelho *Aythya ferina,* a galinha-d'água *Anas strepera,* o pato-preto *Tadorna ferruginea,* cegonha-pintada *Mycteria leucocephala,* abibe-de-cauda-branca *Vanellus leucurus,* íbis-preta *Pseudibis asiaticus,* colhereiro da Eurásia *Platalea leucorodia,* cegonha-pequena *Leptoptilos javanicus,* cegonha-de-pescoço-preto *Ephippiorhynchus asiaticus,* pato-real e pato-rabilongo, etc.

Estas aves foram observadas em condições muito confortáveis durante as décadas de 1980 e 1990. Eram tão abundantes que praticamente todos os lagos tradicionais das aldeias estavam cheios de aves como o pato-real, a pintaila-do-norte, o pato-mergulhão, a marrequinha-comum, o pato-de-bico-vermelho, a gaivota, o marreco e o pombo-torcaz. Há muito tempo, a sua familiaridade com os charcos era tão grande que, no final dos anos 90, foram observados pintais-do-norte em poças de água chuvosa à beira do caminho na cidade de Shahbad, na NH-1, perto de Kurukshetra. O tráfego de veículos e de seres humanos era intenso, mas estas aves procuravam alimento nestas poças de água chuvosa com facilidade e conforto.

Esta situação manteve-se, até certo ponto, no início da década de 2000, quando, especialmente no ano de 2004, fevereiro de 2005, um pequeno lago da aldeia de Raipur (10 km a sul de Kurukshetra na NH-1 em direção a Kamal) cerca de 7-8 milhares de aves migratórias desfrutavam do conforto da sua estadia de inverno com abundância de alimentos no lago. No entanto, este mesmo lago de Raipur está hoje totalmente assoreado e eutrofizado e, posteriormente, invadido por aldeões para a construção de casas, sem qualquer indício de aves migratórias das zonas húmidas. Para onde foram estas aves migratórias invernantes das zonas húmidas? É pertinente mencionar que estas aves estão habituadas a visitar exatamente a mesma lagoa todos os anos, geração após geração. Nas actuais circunstâncias difíceis, estas aves são deixadas numa grande agitação para procurar lagoas alternativas. Mas todos os charcos contíguos também sofreram as mesmas condições adversas que as aqui descritas no caso do charco da aldeia de Raipur, ainda em 2004. Assim, o presente livro levanta uma questão que descreve as piores condições das nossas lagoas, jheels, lagos, etc. e, simultaneamente, as piores condições enfrentadas pelas aves das zonas húmidas que visitam o inverno, como o pato-trombeteiro, a pinta-preta, a marrequinha-comum, o marreco, o pombo-torcaz, Gadwall, pato-de-bico-pontiagudo, pato assobiador-pequeno, marreco-de-algodão, pato-de-bico-comum, pato-de-bico-vermelho e pato-de-bico-vermelho, que visitam não só Haryana mas todo o Norte da Índia, incluindo Punjab, Uttar Pradesh, Rajasthan, Bihar, Chhattisgarh, Jharkhand e Madhya Pradesh. O grou siberiano costumava visitar o parque nacional de Bharatpur às centenas e milhares até aos anos 60, tendo sido visto pela última vez em 2002. O presente livro levanta uma questão de importância global, centrando a atenção nas aves das zonas húmidas, como o pato-da-serra, o pato-rabilongo, a marrequinha-comum, o marreco, o pombo-euro-asiático, a gaivota, o pato-de-bico-pontiagudo, o pato assobiador-pequeno, a marrequinha-do-algodoeiro, o pato-de-bico-comum, o pato-de-bico-vermelho, o pato-de-bico-vermelho e o ganso-de-cabeça-branca, que se encontram em grande dificuldade nos charcos rurais de Haryana, na Índia.

Figura: (1) Vista do lago Badkhal, no distrito de Faridabad, na província de Haryana, na Índia, durante o inverno. Atualmente, este lago é um terreno seco, quase sem aves de qualquer espécie.

Se não for dada atenção imediata ao assunto que está a ser discutido no livro: Threats to globally significant, crucial and important avian fauna that visit Haryana every winter then the fate of Mallard, Northern Shoveller, Northern Pintail, Common Teal, Garganey, Eurasian Wigeon, Gadwall, Spot-billed Duck, Lesser whistling duck, Cotton Teal, Common Pochard, Tufted pochard, red-crested Pochard will meet the end of their existence just like Siberian Crane in Bharatpur in Rajasthan in India.

As zonas húmidas indianas são mundialmente famosas pela sua beleza paisagística, turismo, popularidade turística e rica biodiversidade. Lago Mansarovar, lago Dal, lago Husain, lago Naini, lago Chilka, águas da ilha de Cochin, lago Kaleodeo, lago Udaipur, lago Sukhana, etc.

Haryana tem o seu próprio conjunto de lagos como Badhkhal, Damdamma, Tikker Tai, Sonepat wetland, Sultanpur Lake, Hathanikund barrage e centenas de lagos rurais tradicionais, Khaparwas Bird Sanctuary, Bhor sainda crocodile sanctuary, Brahmsarovar, Jyotisar Lake, Chuchakwas Lake e Chilchilla Lake. Todos estes lagos servem de local para as aves das zonas húmidas que visitam o inverno e nenhum deles é seguro atualmente. Cada zona húmida tem um forte crescimento de jacinto, que encolhe o lençol de água, e um crescimento excessivo de plantas aquáticas submersas e flutuantes enraizadas. Milhares de aves que visitam as zonas húmidas no inverno costumavam vir nos anos 80, 90 e mesmo no início dos anos 2000. Hoje em dia, estas aves são confrontadas com vários problemas, ameaças que se acumulam devido à quase inexistência de um lençol de água adequado para flutuarem e se alimentarem. As zonas húmidas estão a desaparecer rapidamente e as aves que as visitam no inverno estão à beira do esgotamento de forma mais rápida.

Figura: (2) Mostra o lago Damdamma no sopé das colinas de Arawalli, no distrito de Gurgaon, na província de Haryana, na Índia. Aqui, as aves migratórias invernais mais importantes incluem, entre outras, a cegonha-de-bico-aberto, o colhereiro da Eurásia, o pato-trombeteiro do Norte, a pinta-vermelha do Norte e a marrequinha-comum, etc.

As zonas húmidas devem ser respeitadas, protegidas e conservadas de acordo com a Convenção de Ramsar-1971. As zonas húmidas têm a promessa e o potencial de alimentar o vasto fluxo da humanidade no século XXI. As zonas húmidas contribuem para a recarga dos lençóis freáticos subterrâneos. Acima de tudo, as zonas húmidas servem de santuário para a fauna e a flora aquáticas.

Figura: (3) Um pequeno bando de cegonhas asiáticas de bico aberto em voo em Damdamma Jheel, no distrito de Gurgaon, na província de Haryana, na Índia.

Não foi efectuado qualquer trabalho sobre a avaliação deste cenário. Trabalhámos sobre esta questão entre 2003 e 2015 e as nossas experiências e observações em primeira mão constituem a maior parte deste livro. A maioria das nossas observações foi publicada em revistas nacionais e internacionais de renome entre 20092015.

Estas aves, que vêm para Haryana e para o norte da Índia como aves que visitam zonas húmidas, enfrentam as piores circunstâncias se não forem tomadas medidas corretivas para reabilitar os nossos lagos tradicionais nas zonas rurais. No que respeita à biodiversidade aviária global, Salim Ali (1941) começou por referir que existem cerca de 8600 espécies de aves no mundo. Ao mesmo tempo, Mayr (1946) estimou em cerca de 8616 espécies e 28500 subespécies de aves vivas no mundo. Além disso, Parkes (1975) enumera cerca de 8900 espécies de aves pertencentes a 166 famílias e 27 ordens. Além disso, Sibley e Monroe (1993) referiram pelo menos 9672 espécies de aves organizadas em 2057 géneros, 144 famílias e 29 ordens. Ali e Ripley (1968-74), no seu livro histórico *"Handbook of the birds of India and Pakistan together with those of Bangladesh, Nepal, Bhutan and Sri Lanka"*, referem que a avifauna do subcontinente indiano conta com mais de 1200 espécies, o que representa cerca de 14% da biodiversidade aviária total mundial. Além disso, Woodcock (1980) registou cerca de 1250 espécies de aves no subcontinente indiano. Além disso, Ali e Ripley (1983) registaram 1260 espécies de aves no subcontinente indiano. De acordo com Inskipp *et al.* (1996), existem cerca de 1295 espécies de aves no subcontinente indiano, juntamente com as suas subespécies ou raças geográficas. A maior parte das aves migratórias reproduz-se na região paleártica, para além dos Himalaias, ou seja, na Ásia Central e Setentrional e na Europa Oriental e Setentrional.

A Birdlife International (2014) registou 10425 espécies de aves no mundo. Destas, 1373 espécies estão ameaçadas de extinção, ou seja, uma em cada oito espécies está ameaçada de extinção. É interessante notar que 213 espécies de aves estão criticamente ameaçadas, 419 espécies de aves estão em perigo e 741 espécies de aves estão classificadas como vulneráveis. Ao mesmo tempo, 959 espécies de aves estão listadas como Quase Ameaçadas. De acordo com Fisher e Peterson, 85 espécies de aves, representando 27 famílias, foram extintas desde 1600 d.C., ou seja, aproximadamente o período em que a pressão humana começou a acumular-se contra a sobrevivência das aves. Entre as aves recentemente extintas na América do Norte contam-se o pombo-passageiro Ectopistes *migratorius,* a galinha-de-campina *Tympanuchus cupido* e, provavelmente, o pica-pau de bico de marfim *Compephilus principles.* Nas ilhas do Atlântico Norte, o grande auk, *Pinguinus impennis*, foi extinto em 1844, vítima de caçadores de carne e penas. As duas outras espécies de aves que não foram registadas nos últimos 70 anos na Índia são o pato-de-cabeça-rosada *Rhodonessa earyophyllacea* e a codorniz montanhesa dos Himalaias *Ophrysia superciliosa, parecendo* que o último pato-de-cabeça-rosada está extinto na natureza desde 1926. Das 92 extinções registadas entre 1600 e 1980, 32% deveram-se a alterações do habitat e 25% a predação humana excessiva (King 1980; Temble 1986).

As aves das zonas húmidas que se extinguiram nos últimos 200-250 anos incluem, entre outras, o elefante *Aepyornis maximus, a moa* das terras altas *Megalapteryx didinus,* a ema da ilha King *Dromaius ater,* a ema da ilha Kangaroo *Dromaius baudinianus,* Pato-de-crista *Tadorna cristata,* Pato da Reunião *Alopochen kervazoi, Pato* da Maurícia *Alopochen mauritianus, Pato* da Maurícia *Anas theodori, Pato* de Amesterdão *Anas marecula,* Pato do Labrador *Camptorhynchus labradorius, Pato-mergulhão* de Auckland *Mergas australis,* Codorniz da Nova Zelândia *Coturnix novaezelandiae,* Maçarico de Kiritimati *Prosobonia cancellata,* Narceja da Ilha do Norte *Coenocorypha barrierensi,* Narceja da Ilha do Sul *Coenocorypha iredalei,* Grande Auk *Pinguinus impennis,* Carrilhão vermelho *Aphanapteryx bonasia, Porzana sandwichensis,* mergulhão colombiano *Podiceps andinus,* corvo-marinho-de-faces-brancas *Phalacrocorax perspicillatus,* pardela de Olson *Bulweria bifax, cagarra* das Bermudas *Puffinus parvus,* pardela de Guadalupe *Oceanodroma macrodacyla,*

Pombo-passageiro *Ectopistes migratorius,* pombo-torcaz *Columba versicolor,* pomba terrestre de Norfolk *Gallicolumba norfolciensis,* dodó *Raphus cucullatus* e lorikeet da Nova Caledónia *Charmosyna diadema.*

CAPÍTULO 2

PROVÍNCIA DE HARYANA

Atualmente, a Índia está posicionada na linha da frente das nações em rápido desenvolvimento do mundo, incluindo a China, o Brasil, a Rússia, a Alemanha, Singapura, a Indonésia, a Coreia do Sul e a Inglaterra. Atualmente, a Índia é a maior democracia do mundo com o Primeiro-Ministro como chefe executivo do Governo da Índia. A Índia é praticamente a melhor democracia do mundo atual, com o melhor sistema de eleições justo e imparcial. O Parlamento indiano, constitucionalmente, é composto pelo Presidente, chefe cerimonial do Governo, pelo Rajyasabha (Câmara Alta) e pelo Loksabha (Câmara Baixa). Os membros do Loksabha são conhecidos por Member Parliament (Sansad) e são eleitos diretamente pelos povos da Índia (de cinco em cinco anos, através do voto secreto, sem qualquer receio ou favor).

É pertinente mencionar que a província de Haryana está situada no norte da Índia. Acima de tudo, a província de Haryana circunda a capital da Índia, ou seja, Nova Deli, em três lados (norte, oeste e sul). Além disso, é pertinente mencionar que, das 29 províncias estatais da Índia, Haryana é um dos Estados mais prósperos e orientados para a agricultura e a indústria. A palavra província é mais conhecida por Estado na Índia.

A sua população total é de 25 35146 habitantes (Censos 2011) e a sua área é de 44 212 Km^2 (17070 Km^2), como se pode ver na Fig. 1. Tem o privilégio único de rodear Nova Deli, a capital da Índia, em três lados, norte, oeste e sul, e no seu lado oriental encontra-se a atual província de Uttar Pradesh, a leste. Atualmente, existem 21 distritos no estado de Haryana (Fig.4).

Figura: (4) Mapa de Haryana mostrando vários distritos (Fonte: www.travelindia-guide.com)

De um ponto de vista histórico, a província de Haryana foi criada a partir da província de Punjab com base em agitações políticas levadas a cabo durante cerca de uma década pelos líderes religiosos dos Sikhs, incluindo o Mestre Tara Singh e o Santo Fateh Singh, em 1 de novembro de 1966. A palavra "Haryana" parece ser uma mistura de duas palavras sânscritas, ou seja, Hari (Senhor Krishna) e Ayana (chegada), simbolizando o facto de ter sido, e ainda hoje é, a morada do Senhor Krishna.

O Estado de Haryana tem a honra de possuir uma das raças humanas mais corajosas, robustas, enferrujadas, vibrantes e altas do mundo, e é por isso que cerca de 12 % das forças armadas indianas são constituídas por jovens Haryanvi, principalmente Jats, Sikhs, Rajputs, Brahmin e Rors. Haryana tem também o privilégio único de ter servido de berço para o início, a conceção, o nascimento e a manutenção de uma das três civilizações mais históricas do mundo, ou seja, a civilização do vale do Indo, no sítio arqueológico de "Garhi Rakhi", em Haryana. A Índia provou, sem margem para dúvidas, que a aldeia "Garhi Rakhi", no distrito de Rohtak, foi o ponto nodal da outrora mais vibrante povoação humana, ou seja, a civilização do vale do Indo, a par da batalha mais furiosa do mundo que foi travada em nome da defesa dos princípios da justiça: O Mahabharata (5000-3 500 a.C.) foi travado nas terras de Haryana, onde o Senhor Krishna sussurrou a "canção da vida", ou seja, o Geeta, como princípios orientadores para inculcar na mente e no coração o sentido da disciplina, do dever e da bravura, sem medo nem favor na vida.

Figura: (5) Mostra a proliferação de plantas de jacinto numa lagoa rural na aldeia de Palwal, no distrito de Kurukshetra, na província de Haryana, na Índia, uma grande ameaça para as aves migratórias.

Atualmente, o Estado de Haryana é sinónimo de crescimento e desenvolvimento nos domínios da agricultura, da indústria, da educação e, sobretudo, de progressos multidimensionais no aproveitamento dos recursos humanos para a criação de infra-estruturas e de mão de obra no domínio das tecnologias da informação, para inveja de todo o mundo em desenvolvimento e em honra da mãe Índia. No entanto, as suas habitações rurais e os seus habitantes pedem o primeiro estímulo para induzir ondas de crescimento sustentável no respeito da natureza e do ambiente natural. Os lagos rurais não são exceção. Os lagos rurais de Haryana, recursos para os habitantes das zonas rurais, estão em grave perigo e estão a deslizar rapidamente para o vazio de identidade, para a piscina do anonimato e, finalmente, para a eliminação.

Juntamente com o esgotamento dos lagos rurais, milhares de aves migratórias de zonas húmidas de inverno muito importantes estão a tornar-se alvo deste processo autónomo que decorre de forma oculta, escapando à atenção da nossa sociedade, das autoridades, dos panchayats das aldeias, do conselho da vida selvagem de Haryana e do Governo da Índia, do Ministério do Ambiente, do Clima e das Florestas. Neste livro, procura-se pôr a nu as facetas cruciais deste problema ambiental que afecta diretamente e de forma negativa as espécies ameaçadas de extinção de importância mundial durante a sua estadia de inverno nos lagos rurais de Haryana. As implicações deste fenómeno assustadoramente horrendo serão visíveis nos próximos 4-5 anos nas regiões do mundo de onde estas aves migratórias de inverno saem todos os anos, em setembro, dos respectivos locais de origem.

Tendo em conta a antiga cultura tradicional das zonas rurais de Haryana, praticamente todas as aldeias têm alguns lagos/sarovares nas suas imediações, que são renovados todos os anos pelas águas das chuvas e são utilizados como lagos comunitários para diversos serviços sociais, servindo, paralelamente, como uma boa fonte de recarga do lençol freático. De acordo com uma estimativa, existem cerca de 6955 aldeias em Haryana e aproximadamente 19915 Sarovars, cobrindo uma área total de 78 980 acres. É pertinente mencionar que não existem grandes lagos naturais ou Jheels em Haryana. Além disso, o lago Badkhal de Faridabad e o lago do parque nacional de Sultanpur são igualmente artificiais e, frequentemente, não dispõem de água durante a maior parte do ano.

Figura: (6) Zona húmida migratória de inverno em Brahmsarovar - um Sarovar Sagrado no distrito de Kurukshetra, na província de Haryana, na Índia.

Uma cidade religiosa, nomeadamente Kalayat, no distrito de Kaithal, tem um vasto lago pouco profundo que é, talvez, uma depressão natural e está cheio de água da chuva; poder-se-ia dizer que é o único lago natural que recebe uma variedade de aves migratórias todos os anos e esta informação também está disponível na literatura védica. No entanto, este sarovar natural de Kalayat já foi assoreado com areia e apenas uma pequena parte do

lago sobrevive atualmente. Muito recentemente, a Indian Remote Sensing Organization, Govt, of India, em associação com o Govt, of Haryana, lançou um ambicioso projeto de redescoberta do extinto rio histórico invisível, nomeadamente o "Saraswati", com base neste remanescente deste antigo rio.

Figura: (7) Vista de uma lagoa rural em Jyotisar - uma aldeia sagrada relacionada com a

"Guerra de Mahabharat" em distrito de Kurukshetra, na província de Haryana, na Índia.

Uma pesquisa superficial durante o início do inverno de cada ano dá uma impressão definitiva de que praticamente todos os Sarovares das aldeias, os lagos à beira da estrada e até mesmo as pequenas poças de água da chuva estão infestados de aves migratórias de vários matizes no estado de Haryana todos os anos.

Algumas das aves migratórias ocupam praticamente todos os lagos de Haryana durante a sua estada de inverno. O que é preocupante é o facto de os lagos das aldeias de Haryana estarem sob pressão devido à sua utilização comunitária múltipla, bem como à sua eliminação por aterro e também devido à eutrofização. Assim, existe uma situação muito desconcertante, em que os visitantes de inverno são confrontados com circunstâncias difíceis em Haryana. O presente trabalho de investigação foi orientado para compreender este fenómeno no que respeita às aves migratórias de inverno nos charcos das aldeias.

Simultaneamente, procurar-se-á fazer o ponto da situação global dos lagos das aldeias rurais no que respeita à sua aptidão para as aves migratórias em Haryana. A este respeito, será elaborado um questionário para determinar a topografia (dimensão do lago, distância entre o lago e a habitação humana, cor da água, caraterísticas dos ancoradouros e presença ou ausência de poços, etc.), a interface da utilidade humana e a capacidade do lago para a fornecer, os factores e as causas da poluição (banhos de gado, banhos humanos, peixes e pesca, preparação de estrume de gado, despejo de lixo na aldeia e perturbações devidas às actividades humanas, etc.). Este cenário é observado especificamente nos distritos do norte de Haryana, nomeadamente Panchkula, Ambala, Yamunanagar, Kurukshetra, Kaithal, Kamal e Panipat.

Figura: (8) Vista do santuário de aves de Chhilchilla, na aldeia de Sarsa, distrito de Kurukshetra, província de Haryana, na Índia: Um famoso local de invernada para aves migratórias até 2005, mas este lago não tem água, muito menos aves.

Neste cenário, em que todas as lagoas das aldeias de Haryana estão repletas de aves migratórias durante o inverno, não existe qualquer informação científica sobre o espetro destas aves migratórias, o período de permanência e o modo como chegam e partem

No contexto do número cada vez menor de charcos, da escassez de água devido à escassez de chuvas e das ameaças da caça furtiva, é importante prestar atenção a estas aves migratórias, a fim de fornecer informações factuais que conduzam à sua conservação e proteção subsequentes.

Figura:8(A) Cegonha pintada no Parque Nacional de Sultanpur, no distrito de Gurgaon, província de Haryana, na Índia

CAPÍTULO 3

HISTÓRIA DA ORNITOLOGIA NA ÍNDIA

A investigação da avifauna do subcontinente indiano começou a sério na primeira metade do século XIX, com três pioneiros: Edward Blyth, Brain Hodgson e Thomas Jerdon, frequentemente designados como os fundadores da ornitologia indiana, que centraram a sua atenção no estudo das aves na Índia. Brian Houghton Hodgson, naturalista e etnólogo, descobriu 39 espécies de mamíferos e 124 espécies de aves que não tinham sido descritas anteriormente. Muitas espécies de aves, como a perdiz tibetana *Perdix hodgsoniae,* o cuco-falcão de Hodgson, o boca-de-sapo de Hodgson, o pombo-torcaz *Columba hodgsonii, o* rabirruivo de Hodgson, o bico-grosso de Hodgson, o papa-moscas de dorso esguio *Ficedula hodgsonii* e a toutinegra de bico largo *Tickellia hodgsoni*, receberam o seu nome.
O grande ornitólogo Edward Blyth (1810-1873) foi um zoólogo inglês que escreveu *a obra "The Natural History of the Cranes*" em 1881. Várias espécies de aves, como a águia-de-falcão-de-Blyth, a toutinegra-de-bengala-de-Blyth, a toutinegra-de-folha-de-Blyth, o tragopan de Blyth, o pipit de , o guarda-rios-de-Blyth, o bulbul (flavescente) de Blyth, a toutinegra-pequena *Sylvia curruca blythi* e o pintassilgo (de manto vermelho) de Blyth receberam o seu nome. A obra "Birds of India" de Jerdon, publicada em 1862, resume a avifauna da época. Hume - fundador do Congresso Nacional Indiano, recolheu aves para estudo na maior parte da região indiana e publicou onze volumes de observação de aves entre 1872 e 1888. Estes "volumes", conhecidos coletivamente como "penas perdidas", são ainda hoje valiosas obras de referência sobre as aves indianas. Várias aves foram baptizadas com o seu nome, incluindo a gralha de Jerdon, a baza de Jerdon, o papa-moscas de Jerdon, o papa-moscas de Jerdon, o pássaro-folha de Jerdon, o noitibó de Jerdon e o tordo risonho de peito cinzento *Garrulax jerdoni.* O coronel W H Sykes (1790-1872) foi um oficial do exército indiano no exército de Bombaim em 1804 e foi eleito presidente da Royal Asiatic Society em 1858. Publicou os seus catálogos de aves e mamíferos do Decão nos *Proceedings of the Zoological Society* em 1832. A cotovia de Sykes (Galerida *deva)* da Índia peninsular tem o seu nome. Além disso, o naturalista inglês Robert Swinhoe (1836 - 1877) apresentou uma pequena coleção de aves, ninhos e ovos britânicos ao Museu Britânico em 1854. Os nomes de Swinhoe's Storm-Petrel e Swinhoe's Snipe foram dados em sua homenagem. Um outro cientista proeminente foi Ferdinand Stoliczka (18381874) e uma ave, nomeadamente a Saxicola *macrorhyncha,* foi baptizada com o seu nome

Figura: (9) Representação pictórica de Ornitólogos Eminentes da Ornitologia Indiana. (Fonte: http://www.kolkatabirds.com/birdmenpioneers.htm)

Além disso, Blandford e Oats produziram os quatro volumes "Fauna of British India". A próxima grande obra foi a de Baker, um agente da polícia indiana, cujo entusiasmo enérgico pela ornitologia desempenhou um papel importante na popularização deste ramo do estudo da história natural na Índia. Produziu livros como *"The Indian Ducks and their Allies Game Birds of India and Ceylon*" em 1921, *Fauna of British India: Birds* (sete volumes) entre 1922 e 1930, *The Nidification of the Birds*

of the Indian Empire e *Cuckoo Problems* entre 1932 e 1935.
George Frederick Leycester Marshall foi um coronel do exército indiano e descobriu a lora de Marshall (lora de cauda branca). Bertram Beresford Osmaston (1868-1961), Conservador-Chefe das Florestas das Províncias Centrais da Índia Britânica, escreveu *The Wildlife of Dehradun,* um trabalho pioneiro sobre as aves da região. O coronel Samuel Richard Tickell (1811 - 1875) foi um oficial do exército e ornitólogo pioneiro na Índia e várias aves receberam o nome de Tickell, incluindo o tordo de Tickell *Turdus unicolor,* o pica-flor de Tickell *Dicaeum erythrorhynchos,* o papa-moscas azul de Tickell *Cyornis tickelliae, o* papa-moscas de Tickell *Phylloscopus affinis,* o papa-moscas de Tickell *Pellorneum tickelli* e o pica-pau-de-bico-pálido. O pica-pau castanho é designado por *Anorrhinus tickelli.* Bertram Evelyn (Bill) Smythies foi um silvicultor britânico e um notável ornitólogo de campo amador, tendo escrito vários livros importantes sobre aves, como *"The Birds of Burma* and *Birds of Borneo". Ao* mesmo tempo, Douglas Dewar (18751957) escreveu vários livros sobre aves, nomeadamente, Bombay Ducks. Indian Birds, Birds of the Plains, Glimpses of Indian Birds, Glimpses of Indian birds e Birds of the plains e Bombay ducks.
Os dois ornitólogos britânicos mais notáveis especializados em aves indianas no período até 1943 foram o Dr. Claud Buchanan Ticehurst e Hugh Whistler. Hugh Whistler era um ornitólogo inglês e escreveu *Popular Handbook of Indian Birds* em 1928. Claud Buchanan Ticehurst foi um ornitólogo britânico. Desde a morte prematura destes dois veteranos, a era britânica da ornitologia indiana praticamente terminou. A maior parte do trabalho, desde então, tem sido feito por indianos, alguns dos quais se tornaram proeminentes a nível internacional.
Além disso, alguns livros de texto padrão sobre a história natural das aves tornaram-se um marco a nível internacional devido ao seu elevado nível de abordagem científica e às ricas revelações sobre a reprodução, alimentação, empoleiramento, aspectos comportamentais e ecológicos (o "Handbook of the birds of India and Pakistan" (Ali & Ripley, 1968-74), em dez volumes, continua a ser um guia para mais de 1200 espécies de aves existentes no subcontinente indiano).

Figura: (10) Dr. Salim Ali: Birdman of India (Nasceu a 12 de novembro de 1896 e morreu a 20 de junho de 1987) (Fonte: https://hi.wikipedia.org/wiki/Salim Ali)

Além disso, livros proeminentes como "Birds of Indian Subcontinent" (Grimmet *et al.,* 1998), "Birds of Indian Subcontinent" (Grewal, 2000), "Waterbirds of Northern India" (Alfred *et al.,* 2000), "Threatened Birds of India" (Islam & Rahmani, 2002), "A Photographic Guide to the Birds of the Indian Subcontinent" (Grewal *et al,* 2003), "Birds of Kangra" (Jan Willem Den Besten, 2004) e "Hand Book on Indian Wetland Birds and their Conservation" (Kumar *et al,* 2005) são os livros mais importantes no domínio da ornitologia.
O século XX assistiu a um número crescente de ornitólogos talentosos e dedicados na Índia, mas o

ornitólogo mais célebre foi Salim Ali. Manteve uma ligação contínua com a Sociedade de História Natural de Bombaim, trabalhando nela sobretudo a título informal. Por fim, após a independência, tornou-se seu presidente, o primeiro indiano a dirigir a instituição. A fama e a fortuna juntaram-se a Salim Ali aquando da publicação do livro "Indian Birds" (1941). Entre 1945 e 1955, Salim Ali publicou uma série de livros: "Birds of Kutch" (1945), "Indian Hill Birds" (1949) e "Birds of Travancore and Cochin". O trabalho ornitológico pioneiro de Salim Ali distinguiu-o como uma figura notável na história científica da Índia e como o cientista biológico mais célebre do país no século XX. Por conseguinte, é óbvio, a partir do relato anterior, que os estudos de ornitologia na Índia remontam a tempos antigos, em que Kalidass, etc., tinha feito observações fantásticas sobre a presença de aves em relação ao início das "Moonsoons", ou seja, da estação das chuvas. Além disso, Jerdon, Blyth e Hodgson podem associar verdadeiros inquéritos ornitológicos a observações que reflectem claramente a abordagem moderna da ornitologia. Esta persistiu ao longo dos séculos ^{XIX}, XX e ^{XXI} através de dezenas de livros de texto e centenas de trabalhos de investigação sobre diferentes aspectos da vida das aves. É também evidente, pelo que foi dito neste capítulo, que Salim Ali se tornou uma personalidade global no domínio da ornitologia, cujas contribuições variadas são indubitavelmente monumentais em mais do que um aspeto. O impulso dado por Salim Ali mantém-se com sucesso até à data através de organizações gigantes como a Sociedade de História Natural de Bombaim (BNHS), em Bombaim, e o Centro Salim Ali de Ornitologia e História Natural (SACON), em Coimbatore. Tanto assim é que, ainda hoje, dezenas de europeus e centenas de indianos se dedicam a estudos ornitológicos sérios. No entanto, a literatura e os esforços em matéria de aves migratórias nas zonas húmidas da Índia continuam a ser escassos e dispersos, à exceção da recente publicação "Handbook on Indian Wetland Birds and their Conservation" de Kumar *et al.* (2005).

Os presentes estudos tentarão analisar o cenário das aves visitantes de inverno nos horizontes rurais de Haryana para compreender este fenómeno a um nível preliminar.

Figura: 10(A): Colhereiros euro-asiáticos e patos de pente no distrito de Faridabad, na província de Haryana, na Índia.

CAPÍTULO 4

FENÓMENO DA MIGRAÇÃO

A migração é um fenómeno único, misterioso, encantador e desconcertante em determinadas espécies animais de todo o mundo, sobretudo peixes, aves e mamíferos selvagens. A necessidade de migração obriga os peixes a percorrerem milhares de quilómetros, em grande número, de uma parte dos oceanos para destinos distantes. Os animais selvagens do continente africano migram para sul antes do início das monções de uma forma inacreditável. Da mesma forma, várias espécies de aves selecionadas migram antes do início da estação de inverno do pólo ártico para vários destinos na América do Norte, Europa, África, Ásia e mesmo na Antárctida. Para além disso, as aves da Sibéria, na Rússia, das zonas glaciares da China e do Japão migram para a Austrália, Java, Sumatra, Bornéu, Tailândia, Malásia, Myanmar e para a parte oriental da Índia. As aves migram do outro lado da poderosa cordilheira dos Himalaias para a Índia de uma forma, estilo e número desconcertantes.

É preciso compreender que existe um forte impulso biológico nos padrões comportamentais destas aves que as compele a iniciar uma viagem desafiadora sobre as asas a partir das suas terras de origem que, durante o inverno, estão sujeitas a condições extremas de temperatura, a par de uma disponibilidade nula de alimentos, seja de que tipo for. É certo que o processo de evolução associou a migração invernal a condições adversas nos locais de origem e a temperaturas amenas nos locais de invernada. É certo que a migração é um impulso compulsivo que dá às aves migratórias a oportunidade de evitarem as condições adversas nos seus locais de reprodução tradicionais para os catapultarem para outras zonas climáticas confortáveis e acolhedoras do mundo, com a vantagem adicional de uma disponibilidade suficiente de alimentos. A migração das aves é uma caraterística evolutiva que se transformou agora num fenómeno habitual. As rotas migratórias também amadureceram simultaneamente em rotas distintas e diferentes, mais conhecidas como "rotas migratórias".

As aves migratórias seguem um trajeto definido, tal como um avião, ou seja, nunca se desviam do seu determinado trajeto de migração, como se tivessem uma bússola na sua posse. As aves migratórias determinam a sua rota migratória alinhando-a com a posição do Sol, das estrelas e da Lua, com os marcos físicos terrestres, como montanhas, planícies, florestas, rios, vales, costas, oceanos, desertos e outras caraterísticas geográficas importantes. Ao mesmo tempo, a rota migratória também está impressa na memória/cérebro das aves e estas fazem coincidir estas caraterísticas geográficas com a sua memória.

É pertinente mencionar que a passagem de viagem é hereditária em muitas aves, como a cegonha branca. As crias de cegonha-branca são capazes de encontrar o seu caminho de migração sem a ajuda dos pais. Tanto assim é que as aves jovens conduzem os pais na viagem migratória. Noutras aves migratórias, como os gansos e os grous, os progenitores guiam as crias numa determinada rota migratória específica pela primeira vez, após o que as crias encontram o seu caminho sozinhas. É crucial notar que as cegonhas brancas forneceram a primeira prova de que as aves migratórias não são guiadas pelos progenitores nas rotas migratórias milenares no trimestre de inverno. Em 1930, muitas cegonhas jovens foram criadas em grandes aviários e só foram libertadas depois de todas as cegonhas adultas e a sua descendência já estarem a caminho de África. Estas aves inexperientes selecionaram a rota correta que está pré-determinada no seu material genético. É pertinente mencionar que as aves migratórias podem migrar com precisão sob céu nublado com a ajuda do campo magnético da Terra. As aves migratórias têm uma bússola incorporada que as ajuda a navegar durante a sua viagem migratória.

Os pensadores gregos, nomeadamente Aristóteles e Homero, tomaram conhecimento da migração das aves já há 3000 anos, observando cegonhas, tartarugas, pombas e andorinhas. Mais recentemente, Johnnes Leche efectuou estudos sobre aves migratórias em 1749, na Finlândia. É interessante salientar que a migração permite às aves evitar o frio e as tempestades, as longas horas de luz do dia para procurar alimento e, ao mesmo tempo, evitar a escassez de alimentos no seu local de reprodução. As aves migratórias têm de enfrentar vários desafios durante a sua viagem migratória do seu local de reprodução para o local de invernada. Muitas das aves migratórias são mortas pelos predadores durante a migração e também por caçadores.

É crucial mencionar que as aves famosas que visitam as zonas húmidas durante o inverno na Índia são o mergulhão-de-garganta-preta *Cavia arctica,* o mergulhão-de-papo-amarelo *Podiceps auritus,* o mergulhão-de-pescoço-vermelho *Podiceps griseigena,* o pássaro-das-tropas-de-dorso-cinzento *Phaethon aethereus, o* abutre-branco *Botaurus stellaris,* Cegonha-branca-oriental *Ciconia boyciana,* pato-de-cabeça-branca *Oxyura leucocephala,* cisne-branco *Cygnus cygnus,* ganso-de-feijão *Anser fabalis,* pato-mandarim *Aix galericulata,* marrequinha-do-baial *Anas formosa,* marrequinha-vermelha *Marmaronetta angustirostris,* Pato de Baer *Aythya baeri,* Olho-de-dourado-comum *Bucephala clangula,* Bufo *Mergellus albellus,* Pato-mergulhão-de-papo-vermelho, Grou-siberiano *Grus leucogeranus,* Grou-de-demoiselle *Grus virgo, Grou-comum Grus grus,* Tarambola-dourada-europeia *Pluvialis apricaria,* Abibe *Vanellus vanellus,* Abibe de cauda branca *Vanellus leucurus,* Narceja-preta *Gallinago stenura,* Maçarico-real *Calidris tenuirostris,* Maçarico-real *Calidris ferruginea e* Tema-sanduíche *Sterna sandvicensis.* É crucial mencionar que os locais, continentes e países distantes, de onde as aves visitantes de inverno chegam à Índia são a Rússia Central e o Mar Cáspio, a Sibéria, o Ladakh e a Ásia Central.

É interessante mencionar que as aves migratórias sentem uma necessidade instintiva de migrar do seu local de residência original, ou seja, o local de reprodução, para locais distantes, ou seja, o local de invernada (Rowan, 1929). Para mencionar alguns exemplos de aves migratórias internacionalmente aclamadas, será pertinente citar o exemplo da andorinha-do-mar-do-ártico. A mais longa viagem migratória conhecida é efectuada duas vezes por ano pela andorinha-do-mar-do-ártico *(Sterna paradisaea).* Migra da região do Ártico para a Antárctida. A migração permite a esta ave evitar o inverno rigoroso do Ártico e leva-a para o acolhedor verão antártico. Ao fazê-lo, percorre uma distância de 17000 Kms (Ali, 1996). Uma migração leste-oeste muito mais curta é a do papagaio-da-manhã *(Oenanthe lugens)*, que se reproduz entre o Nilo e o Mar Vermelho e passa o inverno nas margens do Sara (Hartley, 1949). Outro exemplo de migração de aves é o do mergulhão-do-ártico *(Gavia artica)*, que se reproduz no norte da Rússia e migra para o sul da Europa para passar o inverno (Bodenslein e Schuz, 1944). A tarambola-dourada *(Pluviales dominica fulvd)*, que se reproduz no Alasca ocidental e no nordeste da Sibéria, efectua voos sem escala de pelo menos 3200 km através do mar alto. A tarambola-dourada migra do seu local de reprodução para a ilha do Havai, onde passa o inverno. Além disso, a narceja *(Capella hardwickii)* migra do Japão (zona de reprodução) para o Leste da Austrália e a Tasmânia (zona de invernada) (Ali, 1996). Ao fazê-lo, voa habitualmente 4800 km sem parar sobre o mar. A galinhola *(Scolopax rustica)* é a ave que voa a longa distância na Índia. O seu local de reprodução situa-se nos Himalaias. Passa o inverno nos Nilgiris e noutras colinas do sul da Índia. Os maçaricos orientais *(Numenius madagascariensis)* migram do sudeste de Queensland para o local de reprodução no nordeste da Rússia, percorrendo uma distância de 12 000 quilómetros (Driscoll e Ueta, 2002). O ganso-de-cabeça-branca *(Anser indicus)* migra da China para a Índia através dos Himalaias (Javed *et al.,* 2003). O grou de Demoiselle *(Anthropoides virgo)* migra do seu local de reprodução no Sul da Rússia para Gujarat, percorrendo aproximadamente 4.917 quilómetros (Varu e Trivedi, 2003). O grou da Eurásia *(Grus grus)* migra do seu local de reprodução na Sibéria para o Parque Nacional de Bharatpur, Rajasthan (Javed *et al.,* 2003). A alvéola-cinzenta *(Motacilla cinerea)* migra dos seus locais de reprodução nos Himalaias, a pelo menos 2000 km de distância, para um relvado específico na zona metropolitana de Bombaim (Salim Ali, 1996). Algumas aves parecem passar apenas o tempo mínimo nos seus locais de reprodução. O Tilyar ou Pastor Rosado *(Sturnus roseus),* por exemplo, que se reproduz na Ásia Central, deixa a Índia em maio e regressa geralmente em agosto. Vale a pena mencionar que os grous siberianos costumavam migrar da Yakutia e da Sibéria ocidental para o Parque Nacional de Keoladeo, no Rajastão, na Índia. Mas devido à pressão da caça no Paquistão e no Afeganistão, o seu número diminuiu e, por conseguinte, o último grou siberiano que chegou ao Parque Nacional de Keoladeo foi em 2002. O outro exemplo mundialmente famoso de migração de aves é o do colhereiro-de-cara-preta , que migra de pequenas ilhas rochosas ao largo da costa ocidental da Coreia do Norte para o seu local de invernada em Macau, Kong Kong, Vietname, Cheju, Coreia do Sul, Kyushu e Okinawa, Japão, e Rio Vermelho. O nó vermelho tem uma das viagens migratórias mais longas. Todos os anos, percorre mais de 9.000 milhas desde o Ártico até ao extremo sul da América do Sul. É crucial mencionar que as aves migratórias sentem necessidade de migrar devido às condições invernais extremas no local de residência, que também resultam numa escassez extrema de alimentos (Stressman, 1927). Por conseguinte, as aves migram para evitar condições climatéricas extremas e também para escapar à fome.

É um axioma da natureza que as aves migratórias se reproduzem sempre na Europa e no Norte da Ásia no início do verão. Os longos dias de verão dão tempo suficiente às aves para alimentarem as suas crias devido à presença de uma quantidade adequada de alimentos no seu local de reprodução. Mas no outono, quando os dias são mais curtos e a escassez de alimentos é extrema devido a temperaturas muito baixas, as aves fazem viagens migratórias de longa distância para condições tropicais até que a temperatura se torne novamente favorável para o seu regresso ao local de origem. É pertinente mencionar que as aves migratórias se alimentam excessivamente para se prepararem para a migração. As aves parecem um super pássaro e o seu segredo é "comer", "comer" e "mais comer". As aves migratórias sofrem alterações fisiológicas ao mesmo tempo que acumulam grandes quantidades de alimentos como reserva de gordura no seu corpo. Para economizar o elevado custo energético da migração, estas aves voam em condições climatéricas modelares e aproveitam sobretudo os ventos de cauda. A migração começa quando os ventos são favoráveis, sobretudo ao anoitecer, embora as partidas matinais não sejam desconhecidas em espécies como os grous e os pelicanos. O êxodo é uma visão espetacular, pois centenas de aves saem dos seus locais de reprodução, dispõem-se lentamente em forma de V e desaparecem em direção ao seu destino; as aves em bando voam geralmente mais depressa do que quando voam sozinhas. Em geral, a velocidade de voo das aves varia entre 20 e 50 quilómetros por hora. Para um voo sustentado, as aves maiores voam normalmente mais depressa do que as aves mais pequenas. A velocidade de voo comum dos patos e gansos situa-se entre 40 e 50 milhas por hora, mas entre as aves mais pequenas é muito inferior. As velocidades variam naturalmente consoante a espécie de ave e as condições meteorológicas prevalecentes.

A importante consequência do esgotamento das aves migratórias invernantes nos charcos indianos reduzirá diretamente a produção reprodutora nos locais de origem dessas aves migratórias invernantes. É muito relevante sublinhar aqui que a migração dos animais é um fenómeno surpreendente, envolto em mistérios, romance e maravilhas, segredos polvilhados com elementos de surpresa, divertimento e espanto. Acima de tudo, a migração nos animais está profundamente ligada aos respectivos ciclos de reprodução, com regimes de controlo na respectiva fisiologia, tanto simples como complexa. A migração nos animais é a soma total dos esforços evolutivos desenvolvidos ao longo de milénios. Não existe um único substituto na vida destes animais que substitua ou evite a migração. A migração é um ditame ditado pelo tempo, pelo clima, pela disponibilidade de alimentos e pelas condições da fisiologia e do habitat de origem, incluindo as do habitat de permanência. Se as condições de qualquer um deles não corresponderem aos paradigmas exigidos e determinados pela evolução, o fenómeno da migração cairá em desgraça, provocando o fim desastroso dos animais migratórios e as aves não são exceção. É chegado o momento de tomarmos consciência dos factos e salvarmos as zonas húmidas e as aves migratórias que visitam o inverno.

Table: 1. Tabulated form of Wetland Birds of Haryana with their Residential Status, Abundance Status, and Conservation Status as per IUCN and CITES

Sr. No.	1	2	3	4	5	6
Order-Podicipediformes Family- Podicipedidae						
1	Little Grebe	*Tachybaptaus rufficollis* (Pallas, 1764)	R	Com	LC	-
2	Great Crested Grebe	*Podiceps cristatus* (Linnaeus, 1758)	WM	Un Com	LC	-
Order:Pelecaniformes Family:Phalacrocoracidae						
3	Little Cormorant	*Phalacrocorax niger* (Vieillot, 1817)	R	Com	LC	-
4	Indian Shag	*Phalacrocorax fuscicollis* Stephens, 1826	LM	Com	LC	-
5	Great Cormorant	*Phalacrocorax carbo* (Linnaeus, 1758)	LM	Com	LC	-
Order:Pelecaniformes Family:Anhingidae						
6	Darter	*Anhinga melanogaster*	LM	Un Com	NT	-

		Pennant, 1769				
Order-Ciconiiformes		**Family- Ardeidae**				
7	Little Egret	*Egretta garzetta* (Linnaeus, 1766)	LM	Com	LC	-
8	Grey Heron	*Ardea cinerea* Linnaeus, 1758	WM	Com	LC	-
9	Purple Heron	*Ardea purpurea* Linnaeus, 1766	LM	Com	LC	-
10	Large Egret	*Casmerodius albus* (Linnaeus 1758)	LM	L Com	LC	
11	Median Egret	*Mesophoyx intermedia* (Wagler 1829)	LM	L Com	LC	-
12	Cattle Egret	*Bubulcus ibis* (Linnaeus, 1758)	R	Com	LC	-
13	Indian Pond-Heron	*Ardeola grayii* (Sykes, 1832)	R	Com	LC	-
14	Black-crowned Night Heron	*Nycticorax nycticorax* (Linnaeus,1758)	R	L Com	LC	-
Order-Ciconiiformes		**Family-Ciconiidae**				
15	Painted stork	*Mycteria leucocephala* (Pennant, 1769)	LM	Un Com	NT	-
16	Asian Openbill-Stork	*Anastomus oscitans*	LM	Un com	LC	-
		(Boddaert, 1783)				
17	Black-necked Stork	Ephippiorhynchu s asiaticus (Latham, 1790)	WM	Ra	NT	-
18	White-necked Stork	*Ciconia episcopus* (Boddaert,1783)	LM	Un Com	Vu	-

Order:Ciconiiformes Family:Threskiornithidae						
19	Glossy Ibis	*Plegadis falcinellus* (Linnaeus, 1766)	LM	Un Com	LC	-
20	Black Ibis	*Pseudibis papillosa* (Temminck, 1824)	R	Un Com	LC	-
21	Oriental White Ibis	*Threskiornis melanocephalus* (Latham, 1790)	LM	UnC om	NT	-
22	Eurasian Spoonbill	*Platalea leucorodia* Linnaeus,1758	WM	Un Com	LC	II
Order-Anseriformes Family-Anatidae						
23	Bar-headed Goose	*Anser indicus* (Latham,1790)	WM	L Com	LC	-
24	Greylag Goose	*Anser anser* (Linnaeus, 1758)	WM	Com	LC	-
25	Northern Pintail	*Anas acuta* Linnaeus, 1758	WM	V Com	LC	-
26	Mallard	*Anas*	WM	Un		-
		platyrhynchos Linnaeus, 1758		Com	LC	
27	Northern Shoveller	*Anas Clypeata* Linnaeus, 1758	WM	V Com	LC	-
28	Common Pochard	*Aythya ferina* (Linnaeus, 1758)	WM	L Com	VU	-
29	Red-crested Pochard	*Rhodonessa rufina* (Pallas, 1773)	WM	Com	LC	-
30	Tufted Pochard	*Aythya fuligula* (Linnaeus, 1758)	WM	L Com	LC	-

31	Ferruginous Pochard	*Aythya nyroca* (Guldenstadt, 1770)	WM	Un Com	NT	-
32	Brahminy Shelduck	*Tadorna ferruginea* (Pallas 1764)	WM	Com	LC	-
33	Lesser Whistling duck	*Dendrocygna javanica* (Horsfield, 1821)	WM	Com	LC	-
34	Large Whistling-Duck	*Dendrocygna bicolor* (Vieillot, 1816)	WM	L Com	LC	-
35	Garganey	*Anas querquedula* Linnaeus, 1758	WM	Com	LC	-
36	Eurasian Wigeon	*Anas penelope* Linnaeus, 1758	WM	Com	LC	-
37	Gadwall	*Anas strepera* Linnaeus, 1758	WM	Com	LC	-
38	Common Teal	*Anas Crecca* Linnaeus, 1758	WM	V Com	LC	-
39	Spot-billed Duck	*Anas poecilorhyncha* J.R. Forester,1781	WM	Com	LC	-
40	Comb Duck	*Sarkidiornis melanotos* (Pennant, 1769)	SM	Un Com	LC	II
Order: Gruiformes			**Family: Gruidae**			
41	Sarus Crane	*Grus antigone* (Linnaeus,1758)	R	UnCom	Vu	-
			Family: Rallidae			

42	White-breasted Waterhen	*Amaurornis phoenicurus* (Pennant, 1769)	R	Com	LC	-
43	Purple Moorhen	*Porphyrio porphyrio* (Linnaeus, 1758)	R	Com	LC	-
44	Common Moorhen	*Gallinula chloropus* (Linnaeus, 1758)	LM	Com	LC	-
45	Common Coot	*Fulica atra* Linnaeus, 1758	WM	V Com	LC	-
Order:Charadriiformes Family:Jacanidae						
46	Pheasant-tailed Jacana	*Hydrophasianus chirurgus* (Scopoli, 1786)	SM	Un Com	LC	-
47	Bronze-winged Jacana	*Metopidius indica* (Latham, 1790)	R	L Com	LC	-
Family: Charadriidae						
48	Yellow-wattled Lapwing	*Vanellus malabaricus* (Boddaert, 1783)	R	Ra	LC	-
49	River Lapwing	*Vanellus duvaucelii* (Lesson-1826)	R	Com	NT	-
50	Red-wattled Lapwing	*Vanellus indicus* (Boddaert, 1783)	R	Com	LC	-
51	White-tailed Lapwing	*Vanellus leucurus* (Lichtenstein, 1823)	WM	L Com	LC	-
Family:Recurvirostridae						

52	Black-winged Stilt	*Himantopus himantopus* (Linnaeus, 1758)	R	Com	LC	-
53	Pied Avocet	*Recurvirostra avosetta* Linnaeus, 1758	WM	Com	LC	-
Family: Laridae						
54	River Tern	Sterna aurantia J.E.Gray, 1831	LM	Com	NT	-
55	Black-headed Gull	*Larus ridibundus* Linnaeus, 1766	WM	Un Com	LC	-
56	Pallas's Gull	*Larus ichthyaetus* Pallas 1773	WM	Un Com	LC	-
57	Brown-headed Gull	*Larus brunnicephalus* Jerdon,1840	WM	Un Com	LC	-

Abreviaturas: 1: Nome comum; 2: Nome científico
Nome; 3: Estatuto de residência; 4: Estatuto de abundância;
(5) Estado de conservação segundo a INCN; 6: Estado de conservação segundo a CITES.
WM - Migratória de inverno; SM - Migratória de verão;
R-Residente; LM-Local Migratório; LCom-Localmente Comum; Com-Comum; VCom-Muito Comum; UnCom-Não Comum; Ra-Raro.
IUCN: A União Internacional para a Conservação da Natureza e dos Recursos Naturais.
CITES: A Convenção sobre o Comércio Internacional de
Espécies da fauna e da flora selvagens ameaçadas de extinção

CAPÍTULO 5

(I)ORDEM: PODICIPEDIFORMES FAMÍLIA: PODICIPEDIDAE (MERGULHÕES)

Inclui aves aquáticas, em grande parte sem cauda, com asas muito pequenas e um bico comprimido e pontiagudo. As pernas estão especialmente adaptadas para nadar e mergulhar, ou seja, as pernas estão colocadas para trás.

A plumagem é muito densa e sedosa. O tamanho é um pouco mais pequeno do que o do pato. Algumas espécies possuem um pescoço longo e fino com um bico reto. A cabeça apresenta tufos pontiagudos para trás. Os sexos são semelhantes.

(I)Mergulhão-pequeno *Tachybaptus ruficollis* **(Pallas, 1764)**

Nome comum: Mergulhão pequeno

Nome científico: *Tachybaptus ruficollis*

Ordem: Podicipediformes

Família: Podicipedidae

Estatuto da IUCN: Pouco preocupante

Nome local: Pandubi, Churaka (Hindi)

CARACTERES GERAIS DO CAMPO

O mergulhão-pequeno é vulgarmente conhecido como pintainho. É uma pequena ave aquática atarracada e sem cauda, com um bico curto e pontiagudo. As patas estão colocadas para trás, especialmente adaptadas para mergulhar e nadar. Na época não reprodutora, a plumagem é lustrosa, com o dorso e o barrete mais escuros e o pescoço rufo claro. O queixo e as partes inferiores são esbranquiçados.

O adulto é castanho escuro em cima e branco sedoso em baixo, com os flancos castanhos escuros. A coroa é mais escura, os lados da cabeça, a garganta e o pescoço são castanhos. Em voo, é visível uma mancha branca nas partes secundárias.

Na época de reprodução, geralmente no verão, o adulto apresenta-se escuro, com o pescoço, as faces e os flancos de cor avermelhada, e o gáspea é amarelo vivo.

DISTRIBUIÇÃO

É comummente encontrada em todo o subcontinente indiano, de leste a oeste, e também no sul da Índia.

Está ausente nas ilhas Andaman e Nicobar. É geralmente observada em todos os tipos de zonas húmidas com ou sem vegetação flutuante, isto é, em charcos de aldeia, sarovares, lagos, valas à beira da estrada e também em reservatórios irrigados.

HÁBITOS ALIMENTARES

O mergulhão pequeno é um excelente mergulhador e nadador. Alimenta-se sempre debaixo de água. O mergulhão-pequeno alimenta-se principalmente por mergulho. Ao mesmo tempo, também se alimenta à superfície, debaixo de vegetação flutuante. A sua alimentação consiste principalmente em rãs, peixes, girinos, crustáceos, moluscos e alguns insectos aquáticos.

Figura: (11) Pequeno mergulhão Tachybaptus *ruficollis* na lagoa da aldeia de Umri, no distrito de Kurukshetra, província de Haryana, na Índia

HÁBITOS DE REPRODUÇÃO

O ninho é geralmente uma almofada rugosa de ervas e juncos encharcados. Pode ser flutuante ou assente em ervas daninhas, estando geralmente ancorado às canas ou ao substrato.

O tamanho da ninhada é geralmente de quatro a sete ovos. O período de incubação é geralmente de 19 a 20 dias. A cria sai do ninho pouco depois de eclodir e já sabe nadar. A época de reprodução decorre de abril a outubro no Norte da Índia e de dezembro a fevereiro no Sul da Índia.

Figura: (12) Pequeno mergulhão *Tachybaptus ruficollis* **na lagoa da aldeia de Jirbari no distrito de Kurukshetra na província de Haryana na Índia**

CENÁRIO EM HARYANA

É uma ave residente nos charcos rurais da província de Haryana, na Índia. É comummente observada em todos os charcos rurais tradicionais em pequenos números. Quando perturbado, desaparece da superfície sem deixar qualquer ondulação e dá um pequeno salto para cima para mergulhar verticalmente. Os mergulhões pequenos fazem o seu ninho à beira da água. Não consegue andar bem devido às suas patas que são muito recuadas. O mergulhão-pequeno reproduz-se em pequenas colónias em zonas húmidas de água doce com muita vegetação, como lagos, rios, pântanos e lagoas rurais .

(2) **Mergulhão-de-crista** *Podiceps cristatus* **(Linnaeus, 1758)**

Nome comum: Mergulhão-de-crista

Nome científico: *Podiceps cristatus*

Ordem: Podicipediformes

Família: Podicipedidae

Estatuto da IUCN: Pouco preocupante

CARACTERES GERAIS DO CAMPO

A ave de crista grande é uma ave aquática sem cauda, castanha-acinzentada escura por cima e branca sedosa por baixo, com um pescoço longo e fino e um bico pontiagudo. Uma mancha branca nas partes secundárias é visível durante o voo. Os sexos são semelhantes. Na época de reprodução, os dois tufos de orelhas pretos e conspícuos na coroa, orientados para trás, são a caraterística mais diagnosticante. Mas na época não reprodutora, estes tufos auriculares estão muito reduzidos.

DISTRIBUIÇÃO

O mergulhão-de-crista é uma ave visitante de inverno comum no norte da Índia, incluindo Haryana, onde foi visto em grandes jheels, sarovares e rios. É muito maior do que o pintassilgo. É uma ave migratória de inverno das zonas húmidas e encontra-se sempre em números minúsculos no norte da Índia. Vem de lugares longínquos como a China, a Europa, o Japão, Ladakh e Caxemira.

Figura: (13) Mergulhão-de-crista *Podiceps cristatus* **em Brahmsarovar, distrito de Kurukshetra, província de Haryana, Índia**

HÁBITOS ALIMENTARES

Encontra-se sempre isolada, aos pares ou em pequenos grupos dispersos em grandes jheel, rios e sarovares. Nada em grandes jheels com o pescoço ereto. Quando é perturbado, desaparece subitamente e nada para longe debaixo de água. A sua alimentação consiste geralmente em pequenos peixes, girinos, rãs, insectos aquáticos e legumes, cormos, tubérculos, etc.

HÁBITOS DE REPRODUÇÃO

O mergulhão-de-crista reproduz-se em Ladakh e Caxemira, no subcontinente indiano. A época de reprodução decorre de junho a agosto na região paleártica, da Europa à China, Japão, Ladakh e Caxemira. O ninho é geralmente constituído por uma massa de ervas aquáticas nos montes flutuantes de erva, soltas e ancoradas nas ervas em crescimento. O tamanho da ninhada é de 3 a 5 ovos. Os ovos são incubados por ambos os sexos. O período de incubação é de 25-30 dias.

CENÁRIO EM HARYANA

No que respeita a Haryana, o mergulhão-de-crista foi observado em lagoas de aldeia como Gumthala, Garhi Birbal, Gheer, Barthal no distrito de Kamal e Sirsama,

Umri, Samani e Palwal, no distrito de Kurukshetra, em Haryana. Ao mesmo tempo, foi também observada em Brahmsarovar - uma zona húmida sagrada no distrito de Kurukshetra, em Haryana, durante a sua estada de inverno. Foi sempre visto no inverno, de outubro a março de cada ano, e nunca no verão. Foi sempre observada em zonas húmidas de grandes dimensões e geralmente encontrada na companhia de patos de crista vermelha, patos comuns e patos-reais

Figura: 13(A) Um pequeno bando de corvos-marinhos com garça-branca-pequena na barragem de Asan, na província de Uttarakhand, na Índia.

CAPÍTULO 6

(11) ORDEM: PELECANIFORMES FAMÍLIA: PHALACROCORACIDAE

É constituída por aves aquáticas que se alimentam de peixe, são geralmente gregárias e vivem sempre em colónias. A plumagem é maioritariamente negra, pelo que é vulgarmente designada por Pan-Kawwa ou Jal-Kawwa em hindi. O bico é comprimido lateralmente e em forma de gancho na ponta. A bolsa gular é nua anteriormente. O pescoço e o corpo são longos, com asas de comprimento moderado. As pernas são geralmente curtas. Os pés são grandes e os quatro dedos são palmados e adaptados à natação. Os sexos são semelhantes. A plumagem é geralmente menos resistente à água e fica molhada após o mergulho e a natação, pelo que requer uma secagem constante à luz do sol. As aves são especialistas em mergulho. As aves em voo estão sempre com o pescoço esticado para a frente e batem fortemente à superfície para se elevarem no ar. As aves voam sempre em forma de V. Ambos os sexos participam na alimentação das crias através de regurgitações.

(3) . Cormorão-pequeno *Phalacrocorax niger*
(Vieillot, 1817)
Nome comum: Corvo-marinho-pequeno
Nome científico: *Phalacrocorax niger*
Ordem: Pelecaniformes
Família: Phalacrocoracidae

Estatuto IUCN: Pouco preocupante CARACTERÍSTICAS GERAIS DE CAMPO

Toda a plumagem é preta com um ligeiro brilho verde e uma mancha branca a rodear a bolsa da garganta. O bico é robusto, adunco e enegrecido na ponta e púrpura azulado na base. As escápulas e as coberturas das asas são cinzentas prateadas escuras. Na época de reprodução, uma crista curta no occipital e na nuca e algumas penas brancas dispersas na cabeça e plumas semelhantes a pêlos na parte lateral do pescoço. A crista e as penas brancas na cabeça desaparecem na plumagem não reprodutora e a garganta torna-se branca. A íris é castanho-esverdeada, os dedos dos pés são achatados e palmados e a cauda em forma de cunha. Ave aquática de cor preta escura e brilhante, com porte ereto e hábito de se sentar em cepos e árvores com as asas abertas. Os sexos são iguais no caso dos corvos-marinhos pequenos.

Figura: (14) Um pequeno corvo-marinho *Phalacrocorax niger* pousado no cimo de uma cápsula de palha de trigo na lagoa da aldeia de Sunehri Khalsa, no distrito de Kurukshetra, província de Haryana, na Índia.

HÁBITOS ALIMENTARES

Forrageia individualmente ou, por vezes, em pequenos grupos de 10-20 aves em massas de água doce, incluindo pequenas lagoas rurais, grandes lagos, ribeiros e, por vezes, estuários costeiros. Os corvos-marinhos-pequenos têm cerca de 50 centímetros de comprimento e são ligeiramente mais pequenos do que o corvo-marinho-indiano *(Phalacrocorax fuscicollis}*. Mergulham e nadam debaixo de água para capturar o seu alimento, principalmente peixes.

HÁBITOS DE REPRODUÇÃO

A época de reprodução do corvo-marinho-pequeno decorre de julho a setembro no Norte da Índia e de novembro a fevereiro no Sul da Índia. Ambos os progenitores participam na construção do ninho. O ninho é uma plataforma de paus colocada em árvores e, por vezes, até em coqueiros. O tamanho da ninhada é, geralmente, de três a cinco ovos, postos com intervalos de cerca de dois dias. A eclosão dos ovos ocorre ao fim de 15 a 21 dias. As aves jovens só conseguem sair do ninho um mês depois. Produzem sons graves de ah-ah-ah e kok- kok-kok. Empoleiram-se em comunidade, muitas vezes na companhia de outras aves das zonas húmidas, como as garças, as garças-reais e os íbis.

CENÁRIO EM HARYANA

Encontra-se geralmente em todos os lagos das aldeias da zona rural de Haryana ao longo de todo o ano. O corvo-marinho-pequeno é uma ave residente e, por vezes, pode ser migratória local, consoante a disponibilidade de água. O cenário em Haryana é geralmente ilustrado pelo exemplo do Santuário de Crocodilos de Bhor-Sainda, no distrito de Kurukshetra, na província de Haryana, na Índia. Até 2004, as zonas húmidas do santuário de crocodilos de Bhor Sainda vibravam com o bater e o chapinhar de corvos-marinhos (120-130) ao longo do dia, quando estes mergulhavam na água para se alimentarem de peixes em águas profundas. O número de corvos-marinhos era tão grande que praticamente todos os ramos estavam cheios de corvos-marinhos (120-130). Estes corvos-marinhos caçavam peixes em águas profundas, espirrando notoriamente na superfície da água, mergulhando depois na água para apanhar o peixe e, pouco depois, voando no ar para se empoleirarem no ramo caído. Este ciclo repetia-se de forma ininterrupta, como se se tratasse de um confronto entre os corvos-marinhos e os peixes das zonas húmidas.

Figura: (15) Pequeno corvo-marinho *Phalacrocorax niger* **na lagoa da aldeia de Barthal, no distrito de Kamal, na província de Haryana, na Índia.**

No entanto, mais tarde, este cenário foi gradualmente transformado num caso triste: por todo o lado, há silêncio e não há salpicos de água no relvado por parte dos corvos-marinhos. As árvores foram abatidas pelo departamento de vida selvagem do Governo de Haryana para embelezar o santuário e, alegadamente, torná-lo adequado para os crocodilos, o que não é verdade. Além disso, a fauna piscícola da zona húmida, que se sustentava por si só desde há 250-300 anos, foi escavada numa tentativa de dragar o fundo da zona húmida para criar um ambiente propício aos crocodilos. Esta iniciativa do Departamento da Vida Selvagem do Governo de Haryana revelou-se fatal para os corvos-marinhos desta zona húmida, que aqui sobreviviam desde os últimos 2-3 séculos.

Os habitats destes lagos devem ser reconstruídos. A fauna piscícola, as plantas aquáticas (enraizadas, submersas e emergentes), os fitoplânctons e os zooplânctons devem ser tratados de modo a restabelecer a cadeia alimentar, permitindo a auto-sustentação. Devem ser implantadas árvores caídas na periferia das massas de água, de modo a facilitar os eventos de empoleiramento, salpicos e mergulho dos corvos-marinhos - um processo coerente, transmitindo assim segurança e brevidade. A perturbação frequente dos corvos-marinhos por parte do homem deve ser necessariamente evitada. Para a paragem nocturna e o estabelecimento de colónias naturais de corvos-marinhos, devem ser implantadas árvores de grande porte numa periferia de 1 km de circunferência.

(4) Galhudo malhado ***Phalacrocorax fuscicollis*** **Stephen,1826**

Nome comum: Salsicha-da-índia

Nome científico: *Phalacrocorax fuscicollis*

Ordem: Pelecaniformes

Família: Phalacrocoracidae

Estatuto da IUCN: Pouco preocupante

CARACTERES GERAIS DO CAMPO

A sua plumagem reprodutora é de um preto bronze brilhante em cima e de um preto azeviche brilhante em baixo. Os seus olhos são verde-azulados e a pele das gulares é amarela. A garganta é salpicada de branco e as patas e pés são pretos. Apresenta um tufo de penas brancas de cada lado do pescoço, logo atrás dos olhos. No período não reprodutor, a plumagem é idêntica à do corvo-marinho-grande, ou seja, a cabeça e o pescoço ficam mais encovados e as manchas brancas nas coxas e a pele gular amarela desaparecem. Os sexos são semelhantes. A plumagem juvenil é castanho-bronze escamosa em cima e branca em baixo. A cauda e as primárias são pretas.

DISTRIBUIÇÃO

A alvéola indiana é uma ave residente em todo o subcontinente indiano, desde o oeste do Paquistão até ao nordeste, sul da Índia, Península e Srilanka. É frequentemente observada em jheels, lagos, rios, tanques de irrigação, estuários de maré, sarovares e lagoas rurais na Índia, incluindo Haryana.

Figura: (16) Galhudo indiano ***Phalacrocorax fuscicollis*** **na lagoa da aldeia de Raipur Rodan no distrito de Karnal na província de Haryana na Índia.**

HÁBITOS ALIMENTARES

A sua alimentação inclui principalmente peixes, pequenos vertebrados e grandes invertebrados. É uma ave social, que vive em comunidade, geralmente em associação com pequenos corvos-marinhos. A alvéola indiana desloca-se localmente em função da disponibilidade de água.

HÁBITOS DE REPRODUÇÃO

A época de reprodução decorre de julho a fevereiro, dependendo geralmente da monção e das condições locais da água. No Norte da Índia, a época de reprodução decorre de agosto a outubro e de novembro a fevereiro no Sul da Índia. Os ninhos são construídos em árvores inclinadas, geralmente perto da água. Reproduz-se sempre em heronários mistos. O tamanho da ninhada é de três a cinco ovos, ocasionalmente seis.

CENÁRIO EM HARYANA

O Shag indiano é comummente encontrado em pequeno número em Kurukshetra, onde existe uma oferta adequada de alimentos sob a forma de peixe. Pode ser observada em grande parte no santuário de crocodilos de Bhor-Sainda, nas zonas húmidas e em Brahm-Sarovar, uma zona húmida sagrada famosa na era Mahabharat, e em algumas outras pequenas zonas húmidas em várias aldeias, incluindo Umri, Jirbari, Samani, Amin, Dhurala, Sirsama, Hathira, Kirmich, Sunehri-Khalsa, Ramgarh, Jyotisar, Mathana e Gadli, etc. Os seus

O seu número é gradualmente reduzido pela destruição dos charcos das aldeias e também pelo abate de árvores caídas nas proximidades da água ou dentro do lençol de água.

(5) Corvo-marinho-grande *Phalacrocorax carbo* (Linnaeus, 1758)

Nome comum: Corvo-marinho-grande

Nome científico: *Phalacrocorax carbo*

Ordem: Pelecaniformes

Família: Phalacrocoracidae

Estatuto da IUCN: Pouco preocupante

Nome local: Pan-kowwa, Jal-kowwa (Hindi)

CARACTERES GERAIS DO CAMPO

O corvo-marinho é uma ave negra de grande porte, com um bico fino e em forma de gancho na ponta. Tem uma cauda longa e rígida e uma mancha amarela na garganta ou bolsa gular. Na época de reprodução, os adultos apresentam manchas brancas nas coxas e na garganta. O tamanho grande, os lados brancos da cara, a bolsa gular amarela e a mancha branca na coxa são as caraterísticas diagnósticas tanto em repouso como em voo. Na época não reprodutora, a cor branca prateada da cabeça, do pescoço e da mancha branca na coxa desaparece e a bolsa gular também é menos brilhante.

Figura: (17) Corvo-marinho-grande *Phalacrocorax carbo* **a nadar na lagoa da aldeia de Samani, no distrito de Kurukshetra, província de Haryana, na Índia**

O adulto em plumagem de reprodução é quase preto com um brilho azulado metálico e com uma larga mancha branca nos flancos posteriores. As aves imaturas são um pouco acastanhadas com as partes inferiores brancas. Instalam-se geralmente em rochas, bancos de areia e lodaçais em lençóis de água e nos ramos caídos das árvores. Os grandes corvos-marinhos são geralmente silenciosos, mas emitem vários tipos de ruídos guturais nas suas colónias de reprodução.

DISTRIBUIÇÃO

Encontra-se em toda a Índia, Paquistão, Bangladesh e Srilanka. Os grandes corvos-marinhos são geralmente observados em pântanos, lagos, rios e lagoas de aldeia, nadando na água de tal forma que o seu longo pescoço e a parte superior do dorso ficam logo acima da superfície da água. Os grandes corvos-marinhos caçam peixes em águas profundas, espirrando na superfície da água e mergulhando na água para apanhar o peixe, para logo a seguir voltar a voar no ar e empoleirar-se num ramo caído. Este ciclo repete-se de forma ininterrupta, como se se tratasse de um confronto entre os corvos-marinhos e os peixes das zonas húmidas

HÁBITOS ALIMENTARES

Os grandes corvos-marinhos têm uma relação direta com a água devido à sua dependência de alimentos como os peixes. É pertinente mencionar que também dependem da água para se reproduzirem, uma vez que fazem ninhos comunitários puros nas árvores que se encontram nas orlas das zonas húmidas e com a condição adicional de que essas árvores sejam arbustivas, com uma boa "extensão" de copa plana e que também se inclinem sobre a massa de água. Os grandes corvos-marinhos foram observados praticamente em todos os charcos durante o período de estudo em Haryana.

Figura: (18) Um pequeno bando de corvos-marinhos *Phalacrocorax carbo* sentado na ilha da lagoa da aldeia de Jirbari, no distrito de Kurukshetra, na província de Haryana, na Índia

CENÁRIO EM HARYANA

O corvo-marinho-grande está amplamente distribuído na Índia, incluindo Haryana. É uma espécie de ave migratória local em Haryana. É geralmente observado no inverno em lagos rurais do Haryana. É geralmente gregário na época de reprodução. Foi geralmente observada em lagos de aldeia como Umri, Samani, Jirbari, Kanipla, Jhansa, Sunehri Khalsa, Kirmich, Dhurala, Sarai Sukhi no distrito de Kurukshetra; Raipur rodan, Sandhir, Barthal, Anjanthali, Nigdu, Koyar Majra, Seetamai, Sikri, Garhi

Jattan no distrito de Kamal; Pundri, Kyodak, Pharal, Gumthala Gadhu, Sanch, Sakra, Rasina no distrito de Kaithal e também em vários outros lagos em distritos distintos da província de Haryana, na Índia.É uma ave piscívora e encontra-se sempre nos tanques de peixes da zona rural de Haryana.

ORDEM: PELECANIFORMES FAMÍLIA: ANHINGIDAE (DARTERS)

O seu pescoço é longo e esguio, semelhante a uma cobra, com um bico pontiagudo e reto. A plumagem superior é preta e raiada de castanho prateado. É vulgarmente designada por Panwa em hindi. As partes inferiores são castanho-escuras e enegrecidas. O pescoço é mais pálido e semelhante a uma cobra. As pernas são curtas.

Os pés são grandes, com membranas e adaptados à natação. Os sexos são semelhantes. A plumagem é geralmente menos resistente à água e fica molhada após o mergulho e a natação, como a dos Phalacrocoracidae, pelo que requer uma secagem constante à luz do sol. As aves são exímias mergulhadoras.

(6) Tartaruga ***Anhinga melanogaster*** **Pennant 1769**

Nome comum: Tartaruga

Nome científico: *Anhinga melanogaster*

Ordem: Pelecaniformes

Família: Anhingidae

Estatuto da IUCN: Quase Ameaçado (NT)

CARACTERES GERAIS DO CAMPO

A lagartixa é uma ave aquática negra com pescoço longo e esguio, cabeça estreita, bico em forma de lança e branco na garganta e no pescoço. A cauda é longa, rígida e em forma de leque. A coroa e o pescoço são castanhos e todas as penas têm bordos claros. A parte superior do dorso e as asas são estriadas longitudinalmente e salpicadas de cinzento prateado. A parte posterior do pescoço é negra. As penas das asas mais próximas do corpo e as coberturas são branco-prateadas. Os sexos são semelhantes. No entanto, nos machos, a plumagem é preta e castanha escura, com uma pequena crista erétil na nuca e o tamanho do bico é maior do que nas fêmeas. Na fêmea, a plumagem é muito mais pálida, especialmente no pescoço e na parte inferior. A íris é amarela e o bico é castanho-escuro. As patas são pretas e a mandíbula inferior é amarelada.

Figura: (19) Tartaruga ***Anhinga melanogaster*** **no Parque Nacional de Keoladeo, província do Rajastão, Índia**

DISTRIBUIÇÃO

A lagartixa é uma ave residente na Índia, incluindo Haryana, mas também se desloca de uma área geográfica para outra com base nas condições da água. Pode ser encontrada em todo o subcontinente indiano, desde o Paquistão ocidental até Assam, Bangladesh, Srilanka e Myanmar, Tailândia e Malásia.

A lagartixa utiliza frequentemente massas de água doce, quer se trate de rios, canais, lagos, sarovares, pântanos, pântanos, mangais, baías e lagoas de aldeias rurais, etc. A lagartixa prefere as zonas húmidas de águas profundas, que são o principal requisito para as suas actividades como o mergulho, a natação e a alimentação. Não prefere a água do mar, mas também pode ser encontrada em riachos de maré e estuários. É sempre vista individualmente, em grupos de dois ou três ou em grandes bandos, consoante as condições da água e do habitat. É uma ave social, encontrada na companhia de pequenos corvos-marinhos para se alimentar e reproduzir. É um excelente nadador e mergulhador, nadando sempre de forma a que o seu corpo fique submerso na água e o seu pescoço e cabeça, em forma de serpente, apareçam acima da superfície da água.

HÁBITOS ALIMENTARES

O darter alimenta-se essencialmente de pequenos peixes, mas pode comer pequenos vertebrados aquáticos e grandes invertebrados. Tal como os corvos-marinhos, os darters também possuem uma glândula vestigial de preen e também a sua plumagem fica molhada durante o mergulho, que os darters abrem as asas para secar as penas, muitas vezes, sentando-se no chão ou em objectos.

HÁBITOS DE REPRODUÇÃO

As Tartarugas são monogâmicas e o acasalamento ocorre durante uma época de reprodução. A lagartixa utiliza vários tipos de exibição para o acasalamento. Durante a "exibição de acasalamento", o macho levanta as asas para as agitar de forma alternada, curvando-se e estalando o bico para atrair a fêmea. O macho pode também oferecer um ramo à fêmea durante a exibição. A reprodução é sazonal e dura de junho a dezembro no Norte da Índia e de novembro a fevereiro no Sul da Índia. O ninho é sempre construído em árvores situadas perto de água. É muitas vezes gregária e reproduz-se em grupos mistos de garças. O tamanho da ninhada é de 3 a 6 ovos. Ambos os sexos participam na incubação e na alimentação das crias.

CENÁRIO EM HARYANA

Encontra-se em pequeno número em lagos rurais em Haryana. Foi observada em várias aldeias como Raipur Rodan, Samana, Sunehri Khalsa, Raisan, Jamba, Nigdu, Labkari, Madhuban, Jattipur, Madlauda, atta, Sirsama, etc. É geralmente solitário. É normalmente visto no tanque de peixes.

CAPÍTULO 7

(III) ORDEM: CICONIIFORMES FAMÍLIA: ARDEIDAE

A maior parte das espécies da família Ardeidae tem pernas compridas, pescoço longo e flexível e o tamanho do corpo varia entre a galinha da aldeia e o abutre. O seu pescoço flexível é geralmente retraído em forma de S durante o voo devido à presença de uma dobra no meio do pescoço.

O bico é longo, reto e pontiagudo. Os dedos dos pés são longos e finos. Os dedos exteriores estão geralmente unidos por uma membrana na base. A plumagem é geralmente branca, púrpura ou castanha, salpicada ou estriada em algumas espécies. Em muitas espécies, as plumas filamentosas surgem na época de reprodução. Todas as espécies estão amplamente distribuídas no subcontinente indiano.

(7) Garça-branca-pequena *Egretta garzetta* **(Linnaeus, 1766) Nome comum: Garça-branca-pequena**

Nome científico: *Garça-branca-pequena*

Ordem: Ciconiiformes

Família: Ardeidae

Estatuto da IUCN: Pouco preocupante

CARACTERES GERAIS DO CAMPO

Os sexos são semelhantes. Toda a plumagem da garça-branca-pequena é branca. A íris é amarela. O bico é preto e a base da mandíbula inferior e uma mancha amarela esverdeada à volta do olho. As pernas são pretas e os pés amarelos. Durante a época de reprodução, desenvolve-se uma crista nucal caída com duas plumas longas e estreitas e penas ornamentais filamentosas no peito e nas omoplatas, mas na época não reprodutora estas plumas ornamentais são abandonadas, embora algumas das plumas das omoplatas sejam ocasionalmente mantidas pelas aves.

Figura: (20) Um pequeno bando de garça-branca-pequena *Egretta garzetta* **na barragem de Hathinikund, no distrito de Yamuna Nagar, na província de Haryana, na Índia**

DISTRIBUIÇÃO

A garça-branca-pequena está amplamente distribuída na Índia. Foi frequentemente observada em grandes pântanos, jheels, lagos, rios, arrozais, lodaçais, tanques, riachos e na vizinhança de canais. São geralmente observadas em bandos e alimentam-se no solo, sobretudo vadeando nas margens pouco profundas das zonas húmidas e permanecendo imóveis nos prados vizinhos.

Figura: (21) **Garça-branca-pequena** *Egretta garzetta* **em Brahmsarovar, no distrito de Kurukshetra, província de Haryana, na Índia**

CENÁRIO EM HARYANA

Encontra-se em Haryana na época de inverno de cada ano.
Por conseguinte, é uma ave migratória de inverno em Haryana. Encontra-se normalmente em pequenos bandos de 5-10-20 aves, na companhia de corvos-marinhos, garças medianas e garças cinzentas. A sua alimentação consiste principalmente em peixes, rãs, crustáceos, lagartos, vermes, gafanhotos, gafanhotos e insectos aquáticos. As garças-pequenas repousam no solo ou nas árvores. A garça-branca-pequena empoleira-se geralmente nas árvores em comunidade e reproduz-se também em colónias. Reproduz-se de julho a setembro.

(8) Garça-real *Ardea cineria* **Linnaeus, 1758 Nome comum: Garça-real Nome científico:** *Ardea cineria*

Ordem: Ciconiiformes

Família: Ardeidae

Estatuto da IUCN: Pouco preocupante

CAMPOS GERAIS CARACTERES

A garça-real é uma ave pernalta cinzenta de pernas longas e pescoço comprido da família Ardeidae. O macho (adulto) é cinzento-acinzentado por cima, com a coroa branca. O pescoço e a crista occipital são pretos e compridos. A meio do pescoço dianteiro é visível uma linha preta pontilhada.

A presença de penas brancas alongadas com estrias pretas no peito é uma caraterística de diagnóstico. A plumagem inferior é branca acinzentada. Os sexos são semelhantes. A fêmea é mais pequena do que o macho. Na fêmea, a crista e as plumas peitorais são menos desenvolvidas. O bico é principalmente amarelo na época de reprodução, mas castanho escuro na época não reprodutora. As pernas e os pés são amarelo-alaranjados brilhantes na plumagem reprodutora e castanho-esverdeados na época não reprodutora.

Figura: (22) Garça-real *Ardea cineria* pousada numa árvore na aldeia de Barthal, distrito de Kamal, província de Haryana, na Índia

DISTRIBUIÇÃO

É sobretudo uma ave residente no subcontinente indiano, mas pode ser migratória local em Haryana. Está amplamente distribuída na Índia, Paquistão, Bangladesh, Nepal, Srilanka, Myanmar, Ilhas Maldivas, Andaman e Nicobar. É sempre observada em jheels, lagos, sarovares, pequenas poças à beira da estrada, lagoas de aldeia e ilhotas rochosas ao largo da costa.

Figura: (23) que mostra a garça-real *Ardea cineria* na lagoa da aldeia de Kirmach, no distrito de Kurukshetra, província de Haryana, na Índia

HÁBITOS ALIMENTARES

É geralmente solitária e, ocasionalmente, em pequenos grupos, geralmente de duas ou três aves no máximo. Está sempre imóvel na periferia das zonas húmidas e geralmente com a cabeça enterrada entre os ombros. Quando a ave avista comida, estica o seu pescoço flexível para a frente e espera por uma oportunidade favorável para capturar a presa. Quando a garça-real é perturbada, estica desajeitadamente o seu longo pescoço e levanta voo batendo as asas.

Empoleira-se sempre à noite nas árvores e nos mangais, mas pode instalar-se nas árvores durante o dia, quando está totalmente satisfeito com o alimento. Alimenta-se principalmente de peixes, rãs, moluscos, crustáceos, pequenos insectos, roedores, etc.

HÁBITOS DE REPRODUÇÃO

A época de reprodução decorre principalmente de março a julho e outubro no Norte da Índia e de novembro a março no Sul da Índia. Constrói os seus ninhos de forma gregária, geralmente em garças mistas com garças, cegonhas, corvos-marinhos e garças-reais, mas por vezes em colónias puras. Faz normalmente os ninhos em Babool *Acasia arabica e* Kandi *Prosopis cineraria.* As colónias de nidificação encontram-se sempre na água ou na proximidade de água. O tamanho da ninhada é geralmente de 3 a 4 ovos e raramente de 5. Ambos os sexos participam na construção do ninho, na incubação e na alimentação das crias. O período de incubação é geralmente de 25-26 dias. A garça-real alimenta as crias por regurgitação.

CENÁRIO EM HARYANA

No que diz respeito a Haryana, é sobretudo observada em todas as lagoas rurais de Haryana onde se pratica a piscicultura. É geralmente observada em Samani, Umri, Jirbari, Mathana, Gadli, Raipur rodan, Barani, Koyar majra, Amin, Palwal, Pundri, Sarsa, Pharal e vários outros lagos em Haryana. Encontra-se em toda a região de Haryana, mas é normalmente observada apenas numa ou duas aves. É solitária e não se encontra em grandes grupos.

(9) Garça-vermelha *Ardea purpurea* **Linnaeus, 1766**

Nome comum: Garça-vermelha

Nome científico: *Ardea purpurea*

Ordem: Ciconiiformes

Família: Ardeidae

Estatuto da IUCN: Pouco preocupante

CARACTERES GERAIS DO CAMPO

É vulgarmente designada por Lal Anjan em hindi. É ligeiramente mais pequena do que a garça-real. É uma ave pantanosa de pernas compridas e pescoço comprido, com o corpo azul-púrpura ou azul-púrpura e as asas e a cauda pretas. A coroa e a crista são pretas. O queixo e a garganta são brancos. Todas as outras partes inferiores são pretas e castanhas. Na parte superior do peito, são visíveis as longas plumas caídas de cor branca raiada de preto. O bico é amarelo escuro. As patas são castanho-avermelhadas. São muito evidentes as linhas negras manchadas, uma ao longo do pescoço posterior, a segunda desde a barbela até à crista e a terceira a todo o comprimento do lado do pescoço.

DISTRIBUIÇÃO

É uma ave residente nas planícies da Índia, Paquistão, Myanmar, Nepal e Sri Lanka. É geralmente solitária e em grande parte crepuscular. É uma ave tímida e secreta, que espreita sempre em densos caniçais, onde se pode camuflar com o ambiente que a rodeia.

HÁBITOS DE REPRODUÇÃO

A época de reprodução decorre de junho a outubro no Norte da Índia, mas de novembro a março no

Sul da Índia. Nidifica sempre numa colónia da sua própria espécie. Ao mesmo tempo, se nidifica numa colónia mista, mantém sempre distância para criar o seu próprio território ou mohallas. Os ninhos são sempre construídos em árvores na água ou perto da água. O tamanho da ninhada é geralmente de 3 a 5 ovos, mas ocasionalmente 6. Ambos os sexos participam na construção do ninho, na incubação e na alimentação das crias. O período de incubação é de 24-26 dias.

Figura: (24) Garça-vermelha *Ardea purpurea* **no lago da aldeia de Morthala, no distrito de Kurukshetra, província de Haryana, na Índia**

CENÁRIO EM HARYANA

No que respeita a Haryana, a garça-real foi geralmente encontrada em lagos de aldeia como Umri, Shadipur, Samani, Umri, Jirbari, Mathana, Gadli, Raipur rodan, Barani, Koyar majra, Amin, Palwal, Pundri, Sarsa, Pharal, Garhi Sadhan, Phooshgarh, Nigdu, Jamba e Barthal, etc. É pertinente mencionar que a garça-vermelha foi normalmente observada em lagos onde se regista um crescimento abundante de plantas de jacinto. Apresenta um comportamento de camuflagem. É normalmente solitária e geralmente observada na companhia de galinhas-d'água roxas e jacanas.

(lO)Garça-branca-grande *Casmerodius albus* **(Linnaeus, 1758)**

Nome comum: Garça-branca-grande

Nome científico: *Casmerodius albus*

ORDEM: Ciconiiformes

Família: Ardeidae

Estatuto da IUCN: Pouco preocupante

CARACTERES GERAIS DO CAMPO

Os sexos são semelhantes. Toda a plumagem da garça-branca-grande é branca, com o bico amarelo pontiagudo e as patas pretas. Na época de reprodução, três conjuntos de plumas brancas filamentosas ornamentais desenvolvem-se no dorso e estendem-se para além da cauda.

DISTRIBUIÇÃO

É uma ave maioritariamente residente, mas pode ser migratória local em função das condições da água. Encontra-se em todo o subcontinente indiano, incluindo Myanmar, Sri Lanka e países da Indochina, Malásia, Japão e Austrália. É geralmente uma ave solitária, mas pode estar em dois ou três na companhia de garças pequenas e garças medianas na sua área de alimentação. É menos abundante e mais dispersa do que as suas irmãs garças.

HÁBITOS ALIMENTARES

A sua alimentação é constituída principalmente por pequenos peixes, rãs, crustáceos, insectos aquáticos e escaravelhos aquáticos.

HÁBITOS DE REPRODUÇÃO

Reproduz-se em garças mistas de garças pequenas, garças medianas, dardos e corvos-marinhos. A época de reprodução decorre de julho a setembro no Norte da Índia e de novembro a fevereiro no Sul. O ninho é sempre construído numa árvore de tamanho médio ou grande na proximidade de água. Geralmente prefere Babool *Acasia Arabica,* Kandi *Prosopis cineraria.* O tamanho da ninhada é de 3 a 4 ovos. Ambos os sexos participam na construção do ninho, na incubação e na alimentação das crias.

Figura: (25) **Garça-branca-grande** *Casmerodius albus* **capturando um pequeno peixe com o seu bico no lago da aldeia de Thol, no distrito de Kurukshetra, na província de Haryana, na Índia**

CENÁRIO EM HARYANA

As garças-reais são imediatamente avistadas devido ao seu grande tamanho. Encontra-se em zonas húmidas relativamente extensas, com águas pouco profundas nos ancoradouros. É uma ave solitária e está sempre

Encontrou lagoas de grandes dimensões, sarovares, jheels, lagos e barragens. Foi observada em vários charcos de aldeia como Sirsama, Shadipur, Umri, Bodhi, Sodhi, Bhadso, Indri, Khetra, Labkari, Gari-Birbal, Nandi, Bhoji, Hinori, Ladwa, Nivarsi, Karami, Mathana, Pipli, Bir Pipli, Jirbari, Mamana, Samani, Raipur, Shamgarh, nilokheri, Kanipla, Sarif Garh, Shahabad, Nalvi, Thol, Ismailabad, Jhansa, Dhurala, Kurukshetra, Ratgal, etc. Era sempre visto em pequeno número. É habitualmente observada na companhia de garças pequenas, garças medianas, corvos-marinhos pequenos e garças-reais.

(11) Garça-branca-mediana *Mesophoyx intermedia* **(Wagler, 1829)**

Nome comum: Garça-branca-mediana

Nome científico: *Mesophoyx intermedia*

Ordem: Ciconiiformes

Família: Ardeidae
Estatuto da IUCN: Pouco preocupante

CARACTERES GERAIS DO CAMPO

A garça-branca-mediana tem um tamanho intermédio, é ligeiramente mais pequena do que a garça-branca-grande e um pouco maior do que a garça-branca-pequena. Na época não reprodutora, é muito semelhante à garça-branca-grande, exceto no tamanho. Na época de reprodução , a presença de plumas filamentosas semelhantes a pêlos no dorso e no peito é a caraterística mais diagnosticante. A crista está ausente. A íris é amarelo-limão. O bico é preto na época de reprodução com amarelo na base, mas na época não reprodutora o bico é amarelo-limão, escurecido na ponta e acastanhado na base. As pernas e os pés são pretos um pouco escuros e esverdeados nas articulações. O dorso nu e a pele infra-orbital são verde-amarelados na plumagem reprodutora e amarelados na plumagem não reprodutora.

Figura: (26) Garça-branca-mediana *Mesophoyx intermedia* ocupada a alimentar-se no campo arado da lagoa da aldeia de Sirsama, no distrito de Kurukshetra, província de Haryana, na Índia

DISTRIBUIÇÃO

A garça-mediterrânica é uma ave maioritariamente residente, mas pode mudar a sua localização localmente com base nas condições e na disponibilidade de água. Está amplamente distribuída no subcontinente indiano, em Myanmar, na Tailândia, na Malásia, na China e no Japão, bem como no Srilanka, em Andaman e Nicobar. É geralmente observada em lagos, jheels, pântanos, estuários, mangais, lagoas de aldeia e nas costas dos rios.

HÁBITOS DE REPRODUÇÃO

Reproduz-se em comunidade e também em garças mistas com outras espécies de garças e corvos-marinhos. O tamanho da ninhada é normalmente de 3-4 ovos, podendo por vezes ser de 5 ovos. Ambos os sexos participam na incubação. Encontra-se em pequenos bandos, ao contrário da garça-branca-grande que é geralmente solitária. Mas é menos gregária do que a garça-branca-pequena.

CENÁRIO EM HARYANA

Em Haryana, a garça-branca-mediana só pode ser observada em zonas húmidas selecionadas com grandes lençóis de água, como a lagoa da aldeia de Sandhir, Koyar Majra, Majra Rodan, Raipur Rodan no distrito de Kamal e a lagoa da aldeia de Umri, aldeia de Sirsama
Mathana, no distrito de Kurukshetra, Shergarh, Sanch, Kyodak, Rasina, no distrito de Kaithal, etc.,

na província de Haryana, na Índia. Tem tendência para permanecer em águas pouco profundas. As garças medianas de Haryana foram observadas em pequenos grupos de 3-4 aves, mas certamente na companhia de garças-reais. As garças medianas de Haryana foram observadas praticamente em todos os distritos de Haryana, mas certamente sempre em número reduzido.

Figura: (27) Garça-branca-mediana *Mesophoyx intermedia* **empoleirada em árvores na lagoa da aldeia de Sikri, no distrito de Karnal, na província de Haryana, na Índia.**

(12) Garça-boieira *Bubulcus ibis* **(Linnaeus, 1758)**

Nome comum: Garça-boieira

Nome científico: *Bubulcus ibis*

Ordem: Ciconiiformes

Família: Ardeidae

Estatuto da IUCN: Pouco preocupante

CARACTERES GERAIS DO CAMPO

Os sexos são iguais. Toda a plumagem desta ave é de um branco puro, com pescoço e pernas compridas, e é normalmente encontrada na companhia de manadas de gado, sendo por isso chamada Garça-boieira. Na época de reprodução, o aparecimento de plumas alaranjadas na cabeça, pescoço e dorso distingue-a de todas as outras espécies de garças. Na época não reprodutora, parece ser uma garça pequena, mas é sempre identificada pelo seu bico amarelo e pelo seu contraforte preto. Distingue-se da garça-branca-grande e da garça-branca-mediana pelo seu tamanho.

DISTRIBUIÇÃO

A garça-vaqueira é uma espécie amplamente distribuída que reside nas zonas mais quentes da Europa e da Ásia, incluindo a Índia, o Paquistão, o Nepal, o Butão, o Bangladesh, o Sri Lanka e as Maldivas. É uma ave residente e está sempre presente nas planícies. Não se encontra nas zonas montanhosas.

HÁBITOS ALIMENTARES

A garça-vaqueira é também chamada garça-boieira e encontra-se habitualmente em zonas bem irrigadas da Índia, incluindo jheels, sarovares, lagoas de aldeias rurais, rios, arrozais, periferia de canais e lagos, etc. É geralmente observada na proximidade de gado a pastar e, ao mesmo tempo, nos campos arados. É habitualmente visto empoleirado no dorso das tartarugas e, ao mesmo tempo, persegue-as pelas pernas e alimenta-se de insectos perturbados pelas tartarugas que pastam. Alimentam-se sempre em pequenos e grandes grupos e a sua alimentação consiste principalmente em gafanhotos e moscas, mas ocasionalmente alimentam-se de pequenos peixes, girinos e insectos aquáticos. Também capturam insectos e comem os parasitas do corpo das tartarugas.

HÁBITOS DE REPRODUÇÃO

A época de reprodução depende das monções, que se estendem de junho a agosto no Norte da Índia e de novembro e dezembro no Sul da Índia. Reproduz-se sempre em grandes colónias na companhia de outras espécies de aves, como a garça-branca-mediana, a garça-branca-grande e os corvos-marinhos. O ninho é sempre construído na copa superior de árvores de tamanho médio. O tamanho da ninhada é de quatro a cinco ovos. Podem ser observadas colónias de reprodução grandes e extensas em *Prosopis juliflora*. Além disso, podem observar-se algumas árvores ocupadas por 50-100 ninhos de garças-boieiras perto de pequenos e grandes lagos nas bermas das estradas, na periferia das aldeias e mesmo dentro das aldeias. Em Haryana, praticamente todos os arredores das aldeias estão repletos de garças-boieiras. Em Haryana, a garça-vaqueira abunda por todo o lado nos campos agrícolas.

Figura: (28) Garça-boieira *Bubulcus ibis* ocupada a alimentar-se no campo arado na lagoa da aldeia de Sirsama, no distrito de Kurukshetra, província de Haryana, na Índia

CENÁRIO EM HARYANA

As garças-bois em Haryana são muito comuns. São geralmente vistas em Haryana nos campos agrícolas durante todo o ano. A sua presença nos campos de arroz é essencial. As garças-boieiras são observadas em grande número nos campos inundados de água para irrigação, incluindo as culturas de arroz e de trigo. A garça-vaqueira segue o arado, avançando para criar sulcos onde está ocupada a procurar alimento. Muitas vezes, os campos de arroz ficam brancos devido às enormes congregações de garças-boieiras. Da mesma forma, é pitoresco ver as garças a voar contra o pano de fundo de nuvens negras na estação das chuvas, um bom contraste da cor branca com a cor preta.

(13) Garça-do-mar-indiana *Ardeola grayii* **(Sykes. 1832)**

Nome comum: Garça-da-lagoa

Nome científico: *Ardeola grayii*

Ordem: Ciconiiformes

Família: Ardeidae

Estatuto da IUCN: Pouco preocupante

CARACTERES GERAIS DO CAMPO

Os sexos são semelhantes. A garça-real indiana é uma garça muito pequena e a mais comum.

Normalmente não é vista em posição de repouso devido à sua cor castanha terrosa. Quando em voo, parece branca como a neve. Na plumagem de inverno, a cabeça e o pescoço são castanhos-escuros na parte superior, com estrias amareladas pálidas que são mais escuras na coroa e mais pálidas na parte anterior do pescoço. O queixo e a garganta são brancos. O dorso, as omoplatas e os terciários são castanhos-acinzentados, com riscas amareladas pálidas nos últimos.

Figura: (29) Garça-lagunar indiana *Ardeola grayii* em Kalayat sarovar no distrito de Kaithal na província de Haryana na Índia

É muito bonito na plumagem de reprodução. A cabeça e o pescoço são castanho-amarelados claros. A coroa é mais acastanhada e o queixo e a garganta são brancos. A parte superior do peito é branca com riscas castanhas. O resto do corpo é branco, incluindo a cauda. O dorso é castanho escuro com penas longas e semelhantes a pêlos que se estendem sobre a cauda. A íris é amarela brilhante. As pálpebras são amarelo-esverdeadas, o bico é geralmente tricolor, ou seja, azulado na base, amarelado no meio e preto na ponta. As patas são verdes baças. É pertinente referir que o pescoço e as pernas são mais curtos nas garças de lago do que nas garças verdadeiras.

Figura: (30) Garça-lagunar indiana *Ardeola grayii* no campo, na lagoa da aldeia de Shadipur Ladwa, no distrito de Kurukshetra, província de Haryana, na Índia

DISTRIBUIÇÃO

É também designada por arrozais. Encontra-se amplamente difundida no Golfo Pérsico, na Índia, no Srilanka, no Nepal, em Myanmar e na Península Malaia. É comummente encontrada na Índia, incluindo Haryana, em praticamente todas as planícies e também nas colinas. É uma ave residente comum, mas pode ser migratória local consoante as condições da água. Também se encontra nas ilhas Andaman, Nicobar e Laccadives.

HÁBITOS ALIMENTARES

A sua alimentação consiste em rãs, peixes, crustáceos, escaravelhos aquáticos, insectos aquáticos, caranguejos e saltadores de lama. A garça-das-lagoas é a ave mais conhecida da Índia e pode ser encontrada em quase todos os habitats onde quer que haja água disponível. É geralmente observada em riachos, jheels, pântanos, arrozais inundados, tanques de aldeia, valas estagnadas à beira da estrada, poços, poças, lodaçais e mesmo em lagos de aldeias rurais. É geralmente visto imóvel na lama ou em águas pouco profundas, com a cabeça erguida e o pescoço comprido puxado para trás dentro dos ombros ou pode estar a caminhar lentamente e a mover cada pé com um cuidado lento e meticuloso. Quando se aproxima de um peixe ou de um gafanhoto, apunhala-o rapidamente com o seu bico pontiagudo e com todo o comprimento do pescoço. É também chamada Garça-cega devido à sua invisibilidade para os transeuntes, pois a sua cor baça camufla-se com a lama e o lixo, pelo que a ave raramente é notada. Durante o dia, costuma empoleirar-se nos ramos sombrios das árvores. Também se reproduz na companhia de outras garças e garças comunitárias. As garças indianas, quando estão sentadas na colónia de nidificação, emitem constantemente uma voz semelhante à humana, tipo wa-koo, e produzem um coaxar áspero quando são subitamente enxotadas.

HÁBITOS DE REPRODUÇÃO

A época de reprodução decorre de maio a setembro e, ocasionalmente, prolonga-se até dezembro, mas os ninhos são normalmente vistos nos meses de julho e agosto. O tamanho da ninhada varia entre quatro e seis ovos. Os ovos são ovais um pouco alongados e pontiagudos em ambas as extremidades. A cor dos ovos é verde-marinho profundo ou azul-esverdeado.

CENÁRIO EM HARYANA

Em Haryana, as garças-reais estão a esgotar-se rapidamente e podem, um dia, tornar-se ameaçadas. Em especial, nos últimos cinco anos (2010-2016), as garças-reais não são vistas nem mesmo nas proximidades de massas de água tradicionais. Os pequenos lagos diminuíram e o mesmo aconteceu com as garças-reais. Se não forem tomadas medidas adequadas, as garças-reais podem desaparecer consideravelmente nos arredores rurais de Haryana.

(14) Garça-real ***Nyctocorax nyctocorax*** **(Linnaeus, 1758)**

Nome comum: Garça-real

Nome científico: *Nyctocorax nyctocorax*

Ordem: Ciconiiformes

Família: Ardeidae

Estatuto da IUCN: Pouco preocupante

CARACTERES GERAIS DO CAMPO

Adulto: Uma garça pequena e pesada, com o corpo cinzento-acinzentado por cima e branco na face e nas partes inferiores. A coroa, com uma crista caída, e o dorso são distintamente pretos esverdeados, o que dá o nome de garça-real de coroa preta. Da crista saem poucas penas brancas de grande comprimento. O bico é mais profundo e mais robusto. O pescoço é curto e grosso.

Os lados do corpo são cinzentos-acinzentados. A testa, uma linha sobre os olhos, as faces e a plumagem inferior são brancas.

A garça-real imatura é semelhante à garça-dos-lagos na plumagem não reprodutora, com o corpo inteiro castanho, estriado e manchado de rufo, louro e castanho-escuro. A íris é vermelho-sangue e a pele dos olhos até ao bico é verde-amarelada, tornando-se opaca e lívida na época de reprodução. O bico é preto e amarelado na base e as patas são verde-amareladas. A garça-real de coroa negra é largamente nocturna e dorme geralmente de dia nos ramos de árvores grossas.

Figura: (31) Garça-real *Nyctocorax nyctocorax* **na lagoa da aldeia de Batta, no distrito de Kaithal, província de Haryana, na Índia**

DISTRIBUIÇÃO

Está amplamente distribuída pela Europa Central e do Sul, África e toda a Ásia e no subcontinente indiano, encontra-se nas planícies e no noroeste dos Himalaias.

HÁBITOS ALIMENTARES

É uma espécie muito comum e abundante, de natureza muito tímida e secreta. É normalmente ativa ao fim da tarde e de manhã cedo. A garça nocturna consome alimentos variados como pequenos peixes, anfíbios, crustáceos e insectos aquáticos

Figura: (32) Garça-real *Nyctocorax nyctocorax* **na barragem de Hathinikund, distrito de Yamunanagar, província de Haryana, Índia**

HÁBITOS DE REPRODUÇÃO

A época de reprodução decorre de julho a agosto nas planícies e em abril e maio em Caxemira. Geralmente constrói os ninhos em conjunto com várias outras espécies de garças e garças-reais. O tamanho da ninhada é de quatro a cinco ovos. Ambos os sexos participam na construção do ninho, na incubação dos ovos e na alimentação das crias.

CENÁRIO EM HARYANA

Em Haryana, é normalmente observada em pequeno número. Devido ao seu comportamento crepuscular, foi sempre observada de manhã cedo e ao fim da tarde. É uma ave muito secreta e é sempre vista empoleirada nos ramos das árvores perto de lençóis de água.

ORDEM: CICONIIFORMES: FAMÍLIA: CICONIIDAE

As espécies de aves da família Ciconiidae são grandes, de pernas compridas, com um bico muito grande e robusto, geralmente alongado, direito ou ligeiramente ascendente. A plumagem é geralmente branca e preta com brilho metálico. As asas são longas e largas. Cauda curta e asas compridos com espinhos curtos e terceiros ou com espinhos terceiros ou quartos mais compridos. Os dedos dos pés são palmados na base. As cegonhas voam com as pernas do pescoço totalmente estendidas. Mas os íbis e os colhereiros voam com as asas entreabertas e a navegar. Estas aves distribuem-se por toda a região indiana e são, na sua maioria, de carácter migratório.

(15) Cegonha pintada *Myctera leucocephala* **(Pennant, 1769)**

Nome comum: Cegonha pintada

Nome científico: *Myctera leucocephala*

Ordem: Ciconiiformes

Família: Ciconiidae

Estatuto da IUCN: Quase Ameaçado (NT)

CARACTERES GERAIS DO CAMPO

Os sexos são semelhantes. A cegonha pintada é uma ave branca de pescoço comprido e pernas compridas com marcas pretas. As asas são pretas brilhantes com verde. A cabeça é vermelho-alaranjada com bico amarelo de ponta curva para baixo. As coberturas mais pequenas têm bordos brancos e as coberturas maiores são cor-de-rosa. A cauda é preta e a íris é amarelo-pálido.
É designada cegonha pintada devido à presença de manchas cor-de-rosa na parte lateral das asas. Toda a sua plumagem é branca com uma faixa preta no peito.

DISTRIBUIÇÃO

Encontra-se geralmente em grandes lagos, reservatórios de água, pântanos, campos inundados, margens de rios, barragens e lagoas rurais na Índia, incluindo Haryana. São geralmente observados em pequenos e grandes bandos, mas ocasionalmente solitários. Também se encontra no Srilanka, em Myanmar e no sul da China. É geralmente uma ave residente com movimentos locais sazonais em função da disponibilidade de água.

Figura: (33) Pequeno bando de cegonhas pintadas *Myctera leucocephala* **no Parque Nacional de Sultanpur, no distrito de Gurgaon, província de Haryana, na Índia.**

HÁBITOS ALIMENTARES

É geralmente encontrada a alimentar-se em águas pouco profundas com o bico na água parcialmente aberto e ansiosa por capturar qualquer peixe de pequeno porte, rã, caranguejo e insectos. É pertinente mencionar que, durante o dia, quando a temperatura é elevada, a cegonha-pintada permanece imóvel na água, digerindo a refeição matinal. Reproduz-se especialmente em grandes colónias no Parque Nacional de Sultanpur, em Haryana, durante a estação das monções, de setembro a abril. Pode ser encontrada empoleirada em árvores, em garças mistas. O tamanho da ninhada é de dois a quatro ovos.

Figura: (34) Pequeno bando de cegonhas pintadas *Myctera leucocephala* **na barragem de Hathnikund, no distrito de Yamunanagar, província de Haryana, na Índia.**

CENÁRIO EM HARYANA

Em Haryana, a cegonha pintada não é certamente encontrada em extensões contínuas, mas sim em santuários com lençóis de água perenes, como o lago Sultanpur e o santuário de aves de Bhindawas, e também como residente não migratória e reproduzindo-se localmente. Um par de cegonhas pintadas foi observado em dezembro-janeiro (2008-09) no lago da aldeia de Kanipla, um par em dezembro de 2010 no lago da aldeia de Ramgarh, um pequeno bando de cegonhas pintadas no lago da aldeia de Koyar Majra foi observado no mês de dezembro-janeiro durante 2005-2011. No inverno de março de 2011-12, a cegonha pintada foi vista apenas um par na aldeia de Dhurala, no bloco de Thanesar, em Kurukshetra. Por conseguinte, nunca foi observada em grandes grupos, como é geralmente considerado por todos os cientistas. Também é encontrada em grande número na barragem de Hathinikund, no distrito de Yamunanagar, em Haryana. É pertinente mencionar que as cegonhas pintadas foram totalmente eliminadas de Haryana, com exceção de uma população isolada no parque nacional de Sultanpur, em Gurgaon.

(16) Garça-branca asiática *Anastomus oscitans* **(Boddaert, 1783)**

Nome comum: Garrafa-aberta asiática Nome científico: *Anastomus oscitans*

Ordem: Ciconiiformes

Família: ciconiidae

Estatuto da IUCN: Pouco preocupante

CARACTERES GERAIS DO CAMPO

Trata-se de uma pequena ave branca com a cauda e as penas de voo pretas. Toda a plumagem da ave é branca, mas os espinhos das asas, a linha de coberturas vizinha e a cauda são pretos com reflexos verdes e roxos. O bico é esverdeado baço e tingido de vermelho por baixo. A pele do rosto é negra e as patas são claras. A íris é castanha clara. A caraterística mais caraterística da cegonha de bico aberto

é o facto de as suas mandíbulas arqueadas não se encontrarem corretamente e deixarem um espaço entre elas, o que dá o nome de "cegonha de bico aberto".
O intervalo é tão proeminente que é visível mesmo em voo à distância. É frequentemente confundida com a cegonha-branca *Ciconia ciconia* da Europa, que se identifica pelo seu bico vermelho vivo de forma normal e pelas patas vermelhas. Encontra-se em todo o subcontinente indiano. É uma ave residente, mas efectua movimentos locais de acordo com as condições da água.

A Figura: (35) Um grande bando de cegonhas-de-bico-aberto *Anastomus oscitans* **em Damdamma Jheel, distrito de Gurgaon, província de Haryana, na Índia**

DISTRIBUIÇÃO

A cegonha-de-bico-aberto é uma ave comum que visita o inverno em Haryana e foi observada em locais bem irrigados, nomeadamente o rio Yamuna, vários jheels, santuários, zonas pantanosas e lagoas rurais. Por vezes, também visita campos irrigados. Encontra-se em grandes bandos. Voa muito.

HÁBITOS ALIMENTARES

Alimenta-se de moluscos de água doce e, ocasionalmente, come peixe, caranguejos e outros alimentos semelhantes. Reproduz-se na Índia em julho e agosto. No Srilanka, as cegonhas de bico aberto reproduzem-se geralmente em janeiro, fevereiro e março. O tamanho da ninhada é de quatro ou cinco ovos. A plumagem não reprodutora é cinzenta pálida e fumada.

Figura: (36) Representação da cegonha asiática de bico aberto
Anastomus oscitans **em voo.**

CENÁRIO EM HARYANA

A cegonha asiática de bico aberto é encontrada em bolsas isoladas na província de Haryana, na Índia. É geralmente observada em vários santuários de aves em Haryana. Pode ser encontrada em pequenos grupos, mas a cegonha de bico aberto pode atingir um número próximo de 80-100 aves no lago Damdamma, no distrito de Gurgaon, em Haryana. Trata-se normalmente de uma ave migratória local em Haryana. É muito observada no inverno em vários lagos de aldeia em Haryana, como Umri, Gumthala, Sanch, Rasina e muitos outros. É pertinente mencionar que, nos charcos rurais, raramente se vêem duas cegonhas de bico aberto, ou mesmo se forem observadas, parecem ser aves de passagem durante 2-3 dias na aldeia de Umri, apenas em setembro e março

(17) Cegonha-de-pescoço-preto *Ephippiorhynchus asiaticus* **(Latham, 1790)**

Nome comum: Cegonha-de-pescoço-preto

Nome científico: *Ephippiorhynchus asiaticus*

Ordem: Ciconiiformes

Família: Ciconiidae

Estatuto da IUCN: Quase Ameaçado (NT)

CARACTERES GERAIS DO CAMPO

A cegonha-de-pescoço-preto é uma cegonha grande, com um bico muito grande e patas compridas. É uma ave tímida que se encontra frequentemente solitária ou num ou dois pares. A cabeça e o pescoço comprido são pretos brilhantes com púrpura e verde-azulado metálico, exceto a nuca que é castanha acobreada. O dorso e as partes inferiores são brancos. A íris é castanha azulada.

Bico preto, pele gular e pálpebras roxas escuras. O bico é ligeiramente inclinado, longo e maciço. Os três dedos dianteiros estão unidos por uma pequena teia na base. A caraterística mais distintiva é o bico, a cabeça e o pescoço pretos e as longas patas vermelhas. Em voo, a cegonha-de-pescoço-preto apresenta-se com uma coloração preta e branca.

Figura: (37) Cegonha-de-pescoço-preto *Ephippiorhynchus asiaticus* **(macho) a perambular em terreno pantanoso perto do Parque Nacional de Bharatpur, no Rajastão, Índia**

Existe dimorfismo sexual. Ambos os sexos podem ser distinguidos pela cor da íris. No macho, a íris é castanha escura e na fêmea, a íris é amarelo-limão.

HÁBITOS ALIMENTARES

É geralmente uma ave solitária e pousa nas árvores. É pertinente referir que a cegonha-de-pescoço-preto é geralmente observada em terra firme, águas pouco profundas, pântanos, tanques, rios ou lagoas rurais. Alimenta-se geralmente de peixes, caranguejos, rãs, répteis e moluscos

FIGURA: (38) Cegonha de pescoço preto

Ephippiorhynchus asiaticus **(Fêmea) a vadear nos terrenos pantanosos perto do Parque Nacional de Bharatpur, no Rajastão, Índia**

HÁBITOS DE REPRODUÇÃO

A época de reprodução estende-se de outubro a janeiro na Índia. O ninho é geralmente construído no cimo de árvores de grande porte. O ninho é sempre solitário e é constituído por paus e pequenos
O seu corpo é revestido de ervas, ervas aquáticas e, ocasionalmente, de lama. O tamanho da ninhada é geralmente de quatro ovos, variando de três a cinco.

CENÁRIO EM HARYANA

A cegonha-de-pescoço-preto não é uma espécie comum na província de Haryana, na Índia. As nossas observações confirmam a sua presença em importantes santuários de Haryana, incluindo o Parque Nacional de Sultanpur, no distrito de Gurgaon, e o Santuário de Aves de Bhindawas, no distrito de Jhajjar. É observada em números substanciais no Parque Nacional de Sultanpur, em Gurgaon, perto da aldeia de Farukhnagar. Foi também observada na barragem de Hathnikund, no distrito de Yamunanagar, em Haryana. Foi especialmente observada aos pares em lagoas de aldeia como Nigdu, no distrito de Kamal, e Atta, no distrito de Panipat. É pertinente mencionar que a cegonha-de-pescoço-preto esteve ausente em distritos como Kurukshetra, Panchkula, Ambala e Kaithal, em Haryana. Trata-se de uma ave migratória local em Haryana, que se desloca em função das condições da água.

(18) Cegonha de pescoço branco *Ciconia episcopus* **(Boddaert, 1783)**

Nome comum: Cegonha de pescoço branco

Nome científico: *Ciconia episcopus*

Ordem: Ciconiiformes

Família: Ciconiidae

Estatuto da IUCN: Vulnerável (Vu)

CARACTERES GERAIS DO CAMPO

Os sexos são semelhantes. A cegonha de pescoço branco é uma ave de pescoço longo e pernas longas, com asas e cauda curtas. Toda a plumagem da ave é preta brilhante com púrpura e verde, exceto o pescoço branco. Com exceção da coroa, que é preta, as outras partes da cabeça, do pescoço, da parte inferior do abdómen e da cauda são brancas. O bico é longo, robusto, pontiagudo e de cor preta. Os dedos dos pés são palmados na base.

DISTRIBUIÇÃO

A cegonha-de-pescoço-branco está amplamente distribuída na Índia, Sri Lanka, Myanmar, Sião e no Estado Malaio até às Filipinas. É uma ave residente na Índia e migra localmente com base na disponibilidade de água. Encontra-se geralmente solitária ou aos pares ou em pequenos bandos em zonas alagadas, terrenos inundados ou irrigados, pântanos, arrozais e lagoas de aldeias rurais.

Figura: (39) Uma cegonha de pescoço branco sentada no campo perto do distrito de Palwal, na província de Haryana, na Índia.

HÁBITOS ALIMENTARES

A cegonha de pescoço branco é uma ave tranquila e sedentária. Mantém-se habitualmente erecta em meditação no solo durante a maior parte do tempo e alimenta-se sempre na companhia da íbis branca oriental, da íbis negra e de outras cegonhas. É uma boa voadora e por vezes pode ser vista a voar como os abutres e os milhafres. A cegonha-de-pescoço-branco alimenta-se de répteis, rãs, pequenos peixes e vários tipos de invertebrados aquáticos e também de térmitas em enxame, principalmente nas proximidades da água

Figura: (40) Uma cegonha de pescoço branco observada perto do parque nacional de Sultanpur,

no distrito de Jhajjar, na província de Haryana, na Índia.

HÁBITOS DE REPRODUÇÃO

A época de reprodução varia muito. Embora a reprodução ocorra de junho a agosto, algumas aves reproduzem-se todos os meses do ano. Os ninhos são sempre construídos em árvores de grande porte na proximidade de água. A ninhada é constituída por três a quatro ovos.

CENÁRIO EM HARYANA

A cegonha de pescoço branco é uma ave migratória local em Haryana. Foi geralmente observada em pequenos grupos nos distritos de Jhajjar, Rohtak, Gurgaon, Faridabad e Palwal, em Haryana. Também é observada num ou dois casais nos distritos de Kamal, Kurukshetra, Yamunanagar, Ambala, Panipat e Kaithal. É pertinente mencionar que, em Kurukshetra, Kamal e Yamunanagar, é normalmente encontrada em campos não vedados na companhia de íbis-preto, íbis-branco-oriental e garças.

ENCOMENDAR: CICONIIFORMES
FAMÍLIA: THRESKIORNITHIDAE

A maioria das espécies é gregária. A família Threskiomithidae inclui aves pantanosas com um bico longo que é comprimido lateralmente e decurvado nos íbis e semelhante a uma colher nos colhereiros.

(19) Íbis-branco *Plegadis falcinellus* **(Linnaeus, 1766)**

Nome comum: Íbis Brilhante

Nome científico: *Plegadis falcinellus*

Ordem: Ciconiiformes

Família: Threskiomithidae

Estatuto da IUCN: Pouco preocupante

CARACTERES GERAIS DO CAMPO

O íbis-lustroso é uma espécie de íbis mais pequena, de cor preta e castanha com reflexos metálicos. Os sexos são semelhantes. O bico é comprido, decurvado e castanho plúmbeo. A cabeça é emplumada e os pés são castanho-bronze. Na plumagem de reprodução, as partes superiores são castanho-avermelhadas escuras, com as asas e a cauda com um brilho púrpura e verde. As partes inferiores são castanhas, as axilas e as coberturas inferiores da cauda são de um púrpura profundo. Na plumagem não reprodutora, a cabeça e o pescoço são castanhos e com estrias brancas. As omoplatas e as coberturas mais interiores das asas são de um azul esverdeado brilhante. O juvenil é como um adulto invernante, mas castanho-acinzentado sem brilho em cima e castanho em baixo. Não apresenta estrias brancas no pescoço.

DISTRIBUIÇÃO

Encontra-se no subcontinente indiano e também no Nepal, Bangladesh, Sri Lanka, Maldivas e no centro e sudeste da Ásia. É uma ave residente e, por vezes, migratória de inverno e ocorre no sul da Índia, em Assam, nas planícies do Ganges, em Gujarat, em Orissa, em Madhya Pradesh, no Rajastão, em Bengala Ocidental, em Manipur e é geralmente observada em grandes lagos, pântanos, prados inundados e arrozais.

Figura: (40) Um par de íbis-brancos *Plegadis falcinellus* no Parque Nacional de Keoladeo, na província do Rajastão, na Índia.

CENÁRIO EM HARYANA

Pode ser encontrada na província indiana de Haryana durante o inverno, ou seja, da última semana de outubro à primeira semana de abril de cada ano. Trata-se, em grande parte, de uma ave migratória de inverno. Encontra-se geralmente em pequenos bandos. É uma ave tímida, frequentemente observada em pequenos ou grandes bandos de 10-20 aves. Encontra-se em grandes lagos, sarovares, jheels e lagoas de grandes dimensões com pequenas ilhas dentro do lençol de água. Foi observada em um ou dois pares na lagoa da aldeia de Shyamgarh, no distrito de Kamal, e na lagoa da aldeia de Atta, no distrito de Panipat. É uma ave migratória de inverno em Haryana. Foi geralmente observada entre outubro e março na estação do inverno e nunca na estação do verão.

(20) Íbis-preto *Pseudibis papillosa* (Temminck, 1824)

Nome comum: Íbis-preto

Nome científico: *Pseudibis papillosa*

Ordem: Ciconiiformes

Família: Threskiornithidae

Estatuto da IUCN: Pouco preocupante

CARACTERES GERAIS DO CAMPO

O Íbis-de-bico-vermelho *Pseudibis papillosa* é uma ave vistosa devido à sua almofada cor-de-rosa na cabeça, juntamente com um bico convexo de maiores dimensões. É geralmente visto empoleirado no solo em campos agrícolas com humidade suficiente ou mesmo inundados com um pequeno nível de água.

O íbis-preto é uma ave negra de grande porte, com um longo bico verde-escuro e uma mancha branca nas asas. A cabeça está nua e coberta de pele preta, exceto uma zona da coroa que está coberta de papilas vermelhas, daí o nome Íbis-de-bico-vermelho. As asas são pretas brilhantes com púrpura e verde e uma mancha branca conspícua nas coberturas. O bico é longo, esguio e decurvado. Os dedos dos pés são ligeiramente palmados. É geralmente visto empoleirado em árvores e alimentando-se no chão.

DISTRIBUIÇÃO

Figura: (42) Íbis-preto *Pseudibis papillosa* sentado num monte de estrume de vaca na lagoa da aldeia de Gumthala, no distrito de Yamunanagar, província de Haryana, na Índia.

Está amplamente distribuída na Índia, Nepal, Paquistão e Bangladesh. É uma ave residente. Ao contrário da íbis branca, encontra-se geralmente em prados abertos e em campos cultivados.

Em Haryana, pode ser encontrada em arrozais, pequenas valas, prados secos, campos agrícolas cultivados, leitos de rios, lagoas rurais, zonas pantanosas e, por vezes, em redor de lixeiras. Alimenta-se geralmente nas margens de lagos, reservatórios e campos agrícolas cultivados em pequenos bandos de 4-6-10-12 aves. Reproduz-se geralmente em pequenos grupos de 3-5 casais, de junho a março, em árvores de grande porte. Alimenta-se geralmente de rãs, peixes, insectos aquáticos, por vezes lagartos e escorpiões.

Figura: (43) Um pequeno bando de íbis-preto *Pseudibis papillosa* em repouso num campo de trigo perto de Ganaur, no distrito de Sonepat, província de Haryana, na Índia.

O Íbis-preto está sempre empenhado em procurar no solo grãos caídos, insectos, crustáceos e vermes. É geralmente visto em grupos de 10-12 aves que se alimentam coletivamente. É geralmente visto durante o dia e empoleirado em árvores muito próximas da sua área de residência, em puro empoleiramento comunitário. Os presentes estudos procuram centrar a atenção no cenário geral obtido no leste de Haryana e no oeste do Uttar Pradesh, na faixa do rio Yamuna que abrange Yamuna Nagar, Kamal, Panipat, Sonepat, Muzaffamagar, Gautam Budh Nagar, Shamli, Bulandshar, Khurja e Aligarh na direção oeste.

CENÁRIO EM HARYANA

Em Haryana, tem sido observada em Panipat, Kamal, Sonepat, Jhajjar e Rohtak com muita regularidade desde há 20 anos. A sua distribuição era limitada a Nilokheri e Taroari em Kamal. No entanto, desde 2009, tem mostrado a sua presença em Kurukshetra e também nas zonas adjacentes a "Nilokheri" e "Taroari". Tem sido vista com muita frequência em "Muzaffamagar", "Shamli", "Bulandshar" e "Aligarh", etc., no Uttar Pradesh. Também se encontra em grande número em Aldeia de Mohna em Faridabad, Haryana. É crucial mencionar que o íbis-de-nuca-cinzenta se encontra nas proximidades das planícies de inundação do Yamuna, em Haryana, e está a expandir-se de forma espantosa para norte, habitando novos territórios em Kurukshetra e Kaithal. Assim, o íbis-preto é uma das aves que está a florescer de forma encorajadora e não a diminuir como qualquer outra espécie de ave. A principal dificuldade parece ser a escassez de árvores para se empoleirar nos seus territórios de residência. Recomenda-se que os agricultores cultivem uma variedade de árvores nos limites dos campos de cana-de-açúcar nas zonas de planícies aluviais do Yamuna, no leste de Haryana e no oeste de Uttar Pradesh.

(21) Íbis-branco-oriental *Threskiornis melanocephalus* **(Latham, 1790)**

Nome comum: Íbis-branco-oriental

Nome científico: *Threskiornis melanocephalus* **Ordem: Ciconiiformes**

Família: Threskiomithidae

Estatuto da IUCN: Quase Ameaçado (NT)

CARACTERÍSTICAS GERAIS DE CAMPO: Toda a plumagem é branca, exceto o longo bico preto decurvado, a cabeça e o pescoço nus preto-azulados. As pernas e os pés são pretos brilhantes. A íris é castanho-avermelhada. O bico é longo, fino e curvo. Os dedos longos dos pés são ligeiramente palmados na base. Na época de reprodução, aparecem as longas plumas ornamentais à volta da base do pescoço e as penas primárias assumem uma cor acastanhada, surgindo manchas de cor cinzenta ao longo das omoplatas.

Figura: (44) Íbis-branco-oriental Threskiornis *melanocephalus* num campo inundado na aldeia de Sirsama, no distrito de Kurukshetra, em Haryana, Índia

DISTRIBUIÇÃO

Está amplamente distribuída pela Índia, Srilanka, Myanmar e também na China e no Japão. É uma ave residente no subcontinente indiano e desloca-se localmente em várias regiões de acordo com a disponibilidade de água.

O Íbis-branco-oriental é uma ave de zonas húmidas.

Prefere principalmente grandes lagos, jheels, rios, tanques, campos inundados, arrozais e pequenas zonas húmidas onde as áreas de água estão cobertas de arbustos e árvores. É uma ave social e encontra-se em pequenos grupos ou bandos.

HÁBITOS ALIMENTARES

O íbis-branco anda à deriva na água ou, na maior parte das vezes, caminha ao longo das margens dos lençóis de água, onde recolhe os moluscos, os pequenos crustáceos e os pequenos invertebrados que constituem a maior parte da sua alimentação. Alimenta-se geralmente na companhia de cegonhas, garças e garças-reais. É sempre visto em grupos de 30-40 aves em árvores de tamanho médio durante o período de empoleiramento.

HÁBITOS DE REPRODUÇÃO

A época de reprodução decorre de junho a agosto. Os ninhos são construídos em pequenas colónias que não ultrapassam uma dúzia de pares e que se reproduzem, na sua maioria, em companhia de garças, corvos-marinhos e garças-reais. O tamanho da ninhada varia de dois a quatro ovos.

CENÁRIO EM HARYANA

No que respeita a Haryana, a íbis-branca-oriental foi frequentemente observada em pequenos bandos de 10-15 aves em arrozais ou campos inundados. Foi observada nos distritos de Kamal, Kurukshetra, Yamunanagar, Kaithal, Jind, Rohtak, Jhajjar, Gugaon, Palwal e Faridabad, em Haryana. Foi geralmente observada na companhia de garças-pequenas, abibes de cauda branca, garças-bois e cegonhas de pescoço branco. Também foi encontrada em arrozais inundados, em campos de trigo com águas pouco profundas e a alimentar-se ativamente.

(22)Colhereiro da Eurásia *Platalea leucorodia* **Linnaeus, 1758**

Nome comum: Colhereiro da Eurásia Nome científico: *Platalea leucorodia* **Ordem: Ciconiiformes**

Família: Threskiornithidae

Estatuto da IUCN: Pouco preocupante

CARACTERES GERAIS DO CAMPO

O colhereiro da Eurásia é uma ave branca como a neve, com uma mancha de cor canela na parte inferior do pescoço anterior no adulto. A íris é vermelha. O bico é largo, comprido e achatado, alargando-se em forma de colher achatada na ponta e a metade terminal da colher é amarela. As pernas e os pés são pretos. Uma pequena mancha de pele amarela nua é visível entre o olho e o bico. Os dedos dos pés são palmados na base. Os sexos são semelhantes. Embora a fêmea seja ligeiramente mais pequena. Na época de reprodução, aparece uma crista nupcial branca pura de plumas pontiagudas e caídas.

Figura: (45) Um pequeno bando de colhereiro da Eurásia *Platalea leucorodia* **numa grande zona**

húmida perto de Ballabgarh, no distrito de Faridabad, na província de Haryana, na Índia

DISTRIBUIÇÃO

Está amplamente distribuído na Europa Central e do Sul, em África e na Ásia. O colhereiro encontra-se em toda a Índia como migrador de inverno. Pode ser encontrado em pequenos e grandes bandos de 10-30-50 aves em grandes jheels, margens de riachos de maré, bancos de areia de rios e em vastas zonas húmidas.

ESTADO DA ALIMENTAÇÃO

Os colhereiros são aves de alimentação nocturna. Os colhereiros-da-eurásia alimentam-se ocasionalmente durante o dia em companhia de várias aves aquáticas e, normalmente, os bandos podem ser vistos à beira do lençol de água, como ociosos, com o bico enfiado debaixo das asas e, à noite, voam para o local de alimentação em águas pouco profundas para se alimentarem. A sua alimentação consiste geralmente em vegetais, tubérculos, cormos, insectos aquáticos e respectivas larvas, rãs, moluscos e peixes de pequeno porte. O colhereiro caminha rapidamente através da água com o pescoço esticado e o bico meio imerso a rodar de um lado para o outro com uma ação regular de varrimento que resulta na aproximação das partículas de alimento.

HÁBITOS DE REPRODUÇÃO

A época de reprodução vai de agosto a novembro, mas varia de acordo com a localidade. O colhereiro nidifica frequentemente em colónias e um pouco perto mas separado das colónias de ninhos de íbis, cegonhas e outras aves relacionadas. Os ninhos são geralmente construídos em árvores de grande porte, nas proximidades de janeis, lagos ou água. O tamanho da ninhada é geralmente de quatro ovos, mas pode ser de cinco ou mais. O ovo é alongado, oval e muito pontiagudo na extremidade mais pequena.

Figura: (46) Colhereiro euro-asiático *Platalea leucorodia* **no distrito de Faridabad em Haryana**

CENÁRIO EM HARYANA

O colhereiro da Eurásia foi observado em vários lagos rurais de Haryana, embora não seja uma ave comum, mesmo nas proximidades de lagos de aldeia e de outros lagos e jheels de grandes dimensões em Haryana. É especialmente observado em grande número na barragem de Hathnikund, no distrito de Yamunanagar, em Haryana. Também foi observado no jheel de Damdamma, no distrito de Gurgaon, em Haryana, na Índia. Os colhereiros da Eurásia foram observados num grupo de 20-30 aves no lago Damdamma no distrito de Gurgaon, mais uma vez o maior em Haryana. É pertinente mencionar que o colhereiro da Eurásia foi observado em grande número em poças à beira da estrada em Faridabad e no distrito de Gurgaon, em Haryana. Tal pode dever-se à presença de um santuário de aves de renome, especialmente o santuário de aves de Sultanpur. Em geral, estava empoleirada na periferia de corpos de grandes dimensões e, por vezes, no interior e nas proximidades de águas pouco profundas.

Figura: (46A) Um par de colhereiro da Eurásia *Platalea leucorodia* **em Bharatpur, no Rajastão.**

CAPÍTULO 8

(IV) ORDEM: ANSERIFORMES
FAMÍLIA: ANATIDAE (PATOS E GANSOS)

A família Anatidae é constituída, em grande parte, por aves comuns de zonas húmidas migratórias invernais, que são normalmente observadas em pequenas e grandes zonas húmidas. Estas aves são muito coloridas, com plumagem totalmente branca a cinzenta, castanha, preta, verde e combinações de cores com reflexos metálicos. A maioria das espécies apresenta um espéculo metálico conspícuo ou uma mancha branca na asa. O bico é geralmente largo, achatado e arredondado na ponta. As asas são estreitas e adaptadas ao comportamento migratório na maioria das espécies. As pernas são curtas e os pés têm membranas. A maioria das espécies visita o subcontinente indiano no inverno e vem sempre de locais longínquos da região paleártica.

(23) Ganso-de-cabeça-branca *Anser indicus* Latham, 1790

Nome comum: Ganso-de-cabeça-barrada

Nome científico: *Anser indicus*

Ordem - Anseriformes

Família - Anatidae

Estatuto da IUCN: Pouco preocupante

Nome local: Hans, Raj Hans, Sawan (Hindi)

TAMANHO: - O comprimento total é de cerca de 71-75 cm.

CARACTERES GERAIS DO CAMPO

O ganso-de-cabeça-branca é um ganso cinzento-pálido, castanho e branco, que se distingue facilmente de qualquer outro ganso pelas duas barras de cor preto-acastanhada que tem na cabeça. O bico e as patas são amarelos e os pés são palmados. Os sexos são semelhantes. No adulto, a cabeça, a cara, a garganta, o queixo e uma risca visível de cada lado do pescoço são castanhos e brancos. No entanto, nas aves jovens (imaturas), a cabeça e o pescoço são cinzentos pálidos, sem marcas.

DISTRIBUIÇÃO

O ganso-de-cabeça-branca é um habitante do Ladakh, do Tibete, do Cazaquistão, da Mangólia e da Rússia e visita a Índia no inverno, em várias partes de Haryana, entre outubro e abril de cada ano (Gupta e Kaushik). Voa sobre os picos mais altos dos Himalaias na sua viagem do Ladakh, Tibete, Cazaquistão e Mangólia para a Índia em grupos de centenas e milhares, formando uma letra em forma de V invertido. Em Haryana, os gansos-de-cabeça-barrada estão disponíveis em grupos de 10 a 20. No entanto, foi sempre observado em grupos de 10-20 no Santuário de Aves de Bhindawas, no distrito de Jhajjar, e o número nunca ultrapassou a dezena durante o período de 1995-2000 d.C.. No entanto, atualmente é observada em menor número ou mesmo como um único par, sendo necessário investigar as razões.

HÁBITOS DE REPRODUÇÃO

Reproduz-se em Ladakh e no planalto tibetano, nos lagos do planalto, nomeadamente em "Pangong Tso", "Tso Moriri" e "Tsokr". Reproduzem-se em colónias de milhares, principalmente nos meses de maio e junho. O ganso-de-cabeça-barrada reproduz-se no solo e os seus ninhos situam-se geralmente na erva ou em ervas altas.

HÁBITOS ALIMENTARES

Os gansos-de-cabeça-barrada são exclusivamente vegetarianos e alimentam-se frequentemente de culturas agrícolas durante o inverno. A sua alimentação inclui erva, tubérculos, rebentos tenros de trigo, grama e cevada. Os gansos-de-cabeça-barrada alimentam-se sobretudo de forma crepuscular e nocturna, causando danos consideráveis às culturas de inverno. Mas em Haryana, o ganso-de-cabeça-branca é frequentemente visto a pastar durante o dia nos arredores inundados de água do santuário de aves de Bhindawas, no distrito de Jhajjar, durante os meses de novembro, dezembro e janeiro e, por vezes, em fevereiro.

Figura: (47) Um pequeno bando de ganso-de-cabeça-branca *Anser indicus* **na lagoa da aldeia de Sakra, no distrito de Kaithal, província de Haryana, na Índia**

CENÁRIO EM HARYANA

Os gansos-de-cabeça-branca foram popularmente registados no santuário de aves de Bhindawas, no distrito de Jhajjar, no parque nacional de Sultanpur, no distrito de Gurgaon, no santuário de aves de Chilchilla, no distrito de Kurukshetra, e no santuário de aves de Kharparwas, no distrito de Jhajjar. Foi

também se encontram em zonas húmidas de grandes dimensões, como Damdamma Jheel em Gurgaon, o lago da aldeia de Sakra em Kaithal e o lago da aldeia de Nighdu no distrito de Kamal, o lago da aldeia de Raipur Rodan no distrito de Kamal e o lago da aldeia de Dhurala no distrito de Kumkshetra.

Figura: (48) Um grande bando de ganso-de-cabeça-branca *Anser indicus* **na lagoa da aldeia de Nigdu, no distrito de Kamal, província de Haryana, na Índia**

O que é mais interessante é a sua presença, em Haryana, mesmo em pequenos lagos tradicionais de mral durante a época de inverno em Raipur-rodan, Nigdu, Barani, Sandhir, Gagsina, Sataundi no

distrito de Kamal; lago da aldeia de Kanipla, Dhurala, Thol, Ismailabad, Sarsa, Sunheri Khalsa no distrito de Kumkshetra; lago da aldeia de Shergarh,
Sanch, Sirsal, Pundri, Pharal, Kunjpura no distrito de Kaithal; lagoa da aldeia de Atta no distrito de Panipat, etc.

(24) Ganso cinzento *Ans er anser* (Linnaeus, 1758)

Nome comum: Ganso-das-galinhas

Nome científico: *Anser anser*

Ordem - Anseriformes

Família - Anatidae

Estatuto da IUCN: Pouco preocupante

Nome local: - Sona, Hans, Raj Hans (Hindi) Gaj (Kutch) Hanj (Sind)

CARACTERES GERAIS DO CAMPO

O ganso cinzento é um ganso grande, castanho-acinzentado, com uma orla de penas brancas muito estreita na base do bico. As patas e o bico são rosados. A garupa é cinzenta-clara e a parte superior da cauda é branca e a unha branca no bico rosa. A cabeça é pálida e as extremidades das asas junto ao corpo são cinzentas pálidas. Os sexos são semelhantes.

Figura: (49) Gansos Greylag na lagoa da aldeia de Kirmich, no distrito de Kurukshetra, província de Haryana, na Índia

Atualmente, existem três subespécies de ganso cinzento: (i) *Anser anser anser* (Linnaeus, 1758); ganso cinzento ocidental; (ii) *Anser anser rubrirostrus* (Swinhoe, 1871); ganso cinzento oriental e ganso doméstico Antes de Linnaeus, 1758, o ganso cinzento era conhecido como ganso selvagem *Anser ferrous*. Acima de tudo, o ganso selvagem é o antepassado de todos os gansos domésticos do mundo, ou seja, da América, da Europa, etc. O tratado AEWA aplica-se-lhe. É migratório para o sul da Europa e para o norte de África, Médio Oriente e subcontinente indiano, incluindo a Índia, Paquistão, Bangladesh e Myanmar. O ganso-de-cabeça-branca encontra-se também em todo o velho mundo.

HÁBITOS ALIMENTARES

O ganso-de-cabeça-cinzenta costuma alimentar-se durante o dia e é puramente herbívoro, alimentando-se de ervas, raízes, folhas de rebentos, caules, vegetação pantanosa, plantas aquáticas e campos agrícolas.

Figura: (50) Um par de gansos-pretos na lagoa da aldeia de Sarsa, no distrito de Kurukshetra, na província de Haryana, na Índia

Não existe qualquer ameaça para esta ave. Além disso, o seu número parece ter aumentado nos últimos tempos. É uma espécie totalmente migratória. No entanto, algumas populações na região temperada da Europa são sedentárias ou apenas localmente dispersivas; a sua época de reprodução corresponde a abril e maio. No Norte da Europa, imediatamente antes da migração, formam geralmente grupos muito grandes.

CENÁRIO EM HARYANA

Em Haryana, chega possivelmente da Ásia Central através do Paquistão e da fronteira norte de Caxemira em outubro e novembro e, por vezes, na primeira semana de setembro. O ganso-de-cabeça-grande foi observado a voar a mais de 14 000 pés de altitude nos Himalaias. Em Haryana, foi observado em zonas húmidas de grandes dimensões, como o santuário de aves de Chilchilla, em Kurukshetra, o santuário de aves de Bhindawas, em Jhajjar, e o parque nacional de Sultanpur, em Jhajjar. O número mais elevado de gansos-grayla é observado todos os anos na barragem de Okhla, em Deli, perto de Faridabad. É interessante notar que o ganso-grande nunca foi visto em zonas húmidas de grandes dimensões como a barragem de Hathnikund em Yamunanagar e Damdamma jheel no distrito de Gurgaon.

(25) **Pintassilgo do Norte** *Anser acuta* Linnaeus, 1758

Nome comum: Pintail do Norte
Nome científico: *Anser acuta*
Ordem: Anseriformes
Família: Anatidae
Estatuto da IUCN: Pouco preocupante
Nome local: Seenkh par (Hindi)

CARACTERES GERAIS DO CAMPO

O pintail foi batizado por Linnaeus como *Anus acuta* no seu "Systema Naturae" em 1758. Trata-se de um pato. O seu nome científico é *Anas acuta*, relacionado com a pena da cauda agudamente pontiaguda do seu macho reprodutor (drake). Tem uma distribuição geográfica muito alargada nas zonas setentrionais da Europa, no norte e centro da Ásia e na América do Norte.

O corpo do macho (reprodutor) é alongado, com pescoço esguio e cauda comprida e pontiaguda, como um alfinete, o chamado Pintail. A cabeça, a cara e a garganta são cor de chocolate e o pescoço posterior é preto. A faixa branca que desce de cada lado do pescoço, o peito e o ventre são brancos. O espéculo é verde bronze metálico. A plumagem superior e os flancos são cinzentos. Os bordos das escápulas pinadas pretas e as coberturas superiores da cauda são cinzento-prateadas; as coberturas inferiores da cauda são pretas

Figura: (51) Pato-trombeteiro *Anser acuta* na lagoa da aldeia de Sunehri Khalsa, distrito de Kurukshetra, província de Haryana, Índia

As fêmeas (adultas) são castanho-amareladas com cauda pontiaguda, mas o alfinete não é visível. O proeminente espéculo verde bronze metálico está ausente. O macho (Eclipse) é igual à fêmea, mas também é cinzento-acinzentado escuro vermiculado com branco acinzentado.

HÁBITOS DE REPRODUÇÃO

Reproduz-se nas regiões setentrionais da Europa, na Ásia setentrional e central, no Norte da Europa e na América do Norte, de abril a julho de cada ano. Os ninhos são feitos no solo, espalhados nas ilhas que se encontram no centro da massa de água ou nas zonas pantanosas pantanosas. Os ninhos são feitos de bandeira e gramíneas com um revestimento interior de penas. Os ninhos estão escondidos na vegetação. O tamanho da ninhada é de 6 a 8 ovos. É uma verdadeira ave migratória e, por isso, passa o inverno nas zonas meridionais do seu habitat original de reprodução, perto ou um pouco afastado do equador. É muito interessante notar que, apesar da sua grande variedade de habitat e disponibilidade, não tem subespécies geográficas. Possivelmente, o seu pato conspecífico é o pato-de-bico-vermelho *Anas eatoni.* Esta é considerada uma subespécie separada. Trata-se de um pato de grandes dimensões. O pato-preto é uma ave de zonas húmidas abertas. Nidifica no solo próximo de massas de água na sua distribuição geográfica de reprodução.

Figura: (52) Pato-trombeteiro *Anser acuta* (macho) sentado na ilha da lagoa da aldeia de

Raipur-rodan, no distrito de Kamal, província de Haryana, Índia

HÁBITOS ALIMENTARES

É principalmente vegetariano, alimenta-se de ervas, cormos, rebentos tenros, plantas aquáticas, arroz cultivado, mas raramente se alimenta de moluscos, vermes, insectos e larvas. No entanto, durante a época de reprodução, passa certamente a alimentar-se de invertebrados. É altamente gregário durante a época não reprodutora nas zonas de invernada.

O pintail pode ser vítima de muitas doenças como o "botulismo aviário", a "cólera aviária" e a "gripe aviária".

A "gripe aviária" está ligada à estirpe de vírus H5N1, que é altamente patogénica e que ocasionalmente infecta o ser humano. A pintail é também suscetível a parasitas como Cryptosporidium, Giarrdia, ténias e parasitas sanguíneos em geral. Por conseguinte, o Governo da Índia e o Governo de Haryana devem tomar as devidas medidas de precaução no inverno de cada ano, quando a pintail chega a Haryana como ave migratória. A pintail é uma ave de caça boa para caçar devido à sua grande velocidade, agilidade e excelente qualidade alimentar. As actividades agrícolas excessivas, a conversão de zonas húmidas em pastagens, a invasão de zonas húmidas por vegetação, a seca, a plantação de primaveras, a gradagem, a lavoura e as alterações climáticas são algumas das ameaças à pintail. O envenenamento por chumbo é outra ameaça grave para o pintail. De acordo com o critério de ameaça da lista de dados vermelhos da IUCN, esta espécie é pouco preocupante. O pato-trombeteiro é uma das espécies abrangidas pelo Acordo sobre a Conservação das Aves Aquáticas Migradoras da África-Eurásia (AEWA). Ao mesmo tempo, o pintail não tem um estatuto especial ao abrigo da Convenção sobre o Comércio Internacional das Espécies da Fauna e da Flora Selvagens Ameaçadas de Extinção (CITES).

CENÁRIO EM HARYANA

O Pintail do Norte é um visitante frequente de inverno na Índia e também em Haryana. O Pintail do Norte é uma das aves migratórias mais comuns que chega no mês de outubro de cada ano ao subcontinente indiano e também a Haryana.

Reúne-se sempre em grandes grupos, juntamente com o pato-trombeteiro e o marreco-comum, em grandes canais e em todas as lagoas rurais de Haryana, onde existe muita comida. São comuns, muito disseminadas e abundantes a nível local. Alimentam-se à noite. Descansam durante o dia. Nadam bem e caminham bem em terra, mas são maus mergulhadores. Em voo, as asas produzem sons sibilantes. Não produzem qualquer voz, exceto o ruído de alarme, que é um suave quack-quack.

(26) Pato-real *Anas platyrhynchos* Linnaeus, 1758

Nome comum: Pato-real

Nome científico: *Anas platyrhynchos*

Ordem - Anseriformes

Família - Anatidae

Estatuto da IUCN: Pouco preocupante

Nomes locais: Nilsir (Hindi)

CARACTERES GERAIS DO CAMPO

Existe dimorfismo sexual. No macho (pato), a cabeça e a parte superior do pescoço são de um verde-escuro metálico brilhante. O pescoço é separado do peito castanho por uma gola branca estreita. A garupa, as coberturas da cauda e as penas da cauda são pretas. O espéculo é de cor púrpura metálica. O bico é verde-amarelado e as patas são cor de laranja. A cauda é branco-acinzentada e a superfície inferior das asas é branca. Na fêmea, a plumagem é castanha e lustrosa com manchas pretas. O queixo, a garganta e o pescoço anterior são lustrosos e apresentam uma linha escura através do olho. As pernas são cor de laranja.

DISTRIBUIÇÃO

O pato-real é uma ave fortemente migratória. É também conhecido como pato selvagem. Trata-se de um pato de hábitos de caça. O pato-real reproduz-se na Europa e na Ásia, desde o Círculo Polar Ártico até à região mediterrânica. Reproduz-se também em números minúsculos em Caxemira. É interessante notar que, atualmente, o pato-real foi introduzido na Nova Zelândia, na Austrália e em muitos outros países. No entanto, os seus locais de origem, onde reproduz, são a Europa, a Ásia, a América do Norte, o Norte de África, etc.

Figura: (53) Um bando de patos-reais *Anas platyrhynchos* **na barragem de Asan, no estado de Uttarakhand, na Índia**

CENÁRIO EM HARYANA

O pato-real é uma ave húmida migratória de inverno muito popular na província de Haryana, na Índia. Tem sido visto praticamente em grande número a partir da primeira semana de novembro e até à primeira semana de janeiro. As nossas observações apontam certamente para o facto de o pato-real poder ser visto popularmente em grandes massas de água doce, vastas e relativamente profundas, incluindo tanques de água, jheels e lagoas rurais tradicionais naturais. Em Haryana, de um total de 21 distritos, o pato-real foi observado em Ambala,

Distritos de Kurukshetra, Yamunanagar, Kaithal, Kamal, Jind, Hissar, Rohtak, Sirsa, Panipat, Sonepat, Faridabad e Gurgaon. A caraterística mais interessante do pato-real é a sua sexualidade promíscua. Parece ter uma propensão e capacidade para produzir híbridos sexualmente viáveis com espécies aparentadas, como o pato-real, o pato-bravo, o pintail-do-norte, o gadelhão e o marreco, o que é exclusivo desta ave. A sua evolução parece ter sido muito rápida e também nos últimos tempos, no Pleistoceno. A sua importância é tanto económica como social.

Figura: (54) Bando de patos-reais *Anas platyrhynchos* **na barragem de Hathnikund, no distrito de Yamunanagar, na província de Haryana, na Índia**

(27) Pato-trombeteiro *Anus clypeata*

Linnaeus, 1758

Nome comum: Pato do Norte

Nome científico: *Anus clypeata*

Ordem: Anseriformes

Família - Anatidae

Estatuto da IUCN: Pouco preocupante

CARACTERES GERAIS DO CAMPO

O pato-trombeteiro é uma ave migratória de inverno muito forte a nível mundial. O dimorfismo sexual limita-se apenas ao tamanho muito grande do macho, em comparação com apenas metade do tamanho da fêmea. Na língua britânica, o Shoveller do Norte é designado por Shoveller. O nome shoveller está diretamente ligado ao seu bico em forma de pá. É interessante notar que o seu nome zoológico *Anus clypeata* permanece inalterado desde que Linnaeus atribuiu este nome ao pato-bravo do Norte no seu "Systema Natura" em 1758. No macho, a cabeça e a parte superior do pescoço são verdes brilhantes, tal como o pato-real, com uma mancha azul clara nas coberturas. O espéculo é verde metálico, o peito branco e o resto da parte inferior castanha avermelhada com uma mancha branca na parte inferior dos flancos. A garupa e as coberturas superiores da cauda são pretas, mas com uma mancha verde brilhante. As omoplatas são longas e pontiagudas. O macho (em eclipse) assemelha-se à fêmea adulta, mas um pouco mais escuro, conservando em grande parte as asas de cores vivas do macho reprodutor. Bico preto no macho adulto, mas castanho escuro com a mandíbula inferior laranja no macho jovem.

Figura: (55) Pato-trombeteiro *Anus clypeata* **na lagoa da aldeia de Palwal, no distrito de**

Kurukshetra, província de Haryana, Índia

Na fêmea, a plumagem superior é castanha escura mosqueada e cada pena tem um bordo avermelhado claro. O lado das asas é cinzento-azulado baço, que se distingue pela barra branca do espéculo, que é verde. O bico é cor de laranja na base. A plumagem inferior é castanho-amarelada e mais avermelhada no abdómen. A íris é castanho-amarelada na fêmea.

Identificação no terreno: Ambos os sexos são facilmente diagnosticados pelo bico largo e espatulado e pelas patas cor de laranja. Ao mesmo tempo, o pato-trombeteiro tem o seu bico para atuar como coador, escumando crustáceos e plânctons do fundo e da superfície da água.

HÁBITOS DE REPRODUÇÃO

O seu habitat original, ou seja, o seu local de reprodução, está espalhado pelas regiões setentrionais do hemisfério norte em todo o mundo, ou seja, desde a América do Norte, Norte da Europa, Norte da Ásia, margem sul do rio Hudson, América do Norte, incluindo o grande lago a oeste do Colorado, Nevada e Oregon. É uma ave migratória de inverno nas zonas húmidas e pantanosas ou nas zonas húmidas abertas do centro e do norte da América do Sul, do sul da Europa e de África, do subcontinente indiano, do sudeste asiático, da Malásia e do arquipélago.

Figura: (56) Um pequeno bando de pás do Norte ***Anus clypeata*** **ocupado a alimentar-se na lagoa da aldeia de Raipur-rodan no distrito de Kamal na província de Haryana na Índia**

HÁBITOS DE REPRODUÇÃO

O pato-trombeteiro prefere fazer o seu ninho em zonas de relva, em depressões pouco profundas. O ninho é forrado com materiais vegetais e penas de penugem. A ninhada tem 9 ovos. Os machos são muito territoriais durante a época de reprodução. Os machos executam uma dança de cortejo muito elaborada, tanto na água como no ar, para cortejar as fêmeas. A fêmea é perseguida por dezenas de machos, mas apenas um é bem sucedido. A cópula tem lugar na água. O pato-preto prefere zonas húmidas abertas, prados húmidos e zonas pantanosas com vegetação emergente.

CENÁRIO EM HARYANA

No que respeita a Haryana, esta ave é observada muito frequentemente e em grande número em lagos rurais. Por exemplo, em aldeias como Raipur Rodan, Samana- bahu, Barani, Koyar Majra e Nighdu, no distrito de Kamal; Amin, Sunehri-khalsa, Brahmsarovar, Dhurala, etc., no distrito de Kumkshetra, é sempre vista em grande número. É interessante notar que o pato-bravo do Norte, ao chegar ao subcontinente indiano, faz uma viagem muito cansativa, sobrevoando os Himalaias. Pouco depois de os Himalaias serem alcançados, o pato-bravo do Norte faz uma breve paragem nas zonas húmidas a sul dos Himalaias, antes de se espalhar por várias partes do subcontinente indiano. Mais uma vez, é muito interessante notar que se trata de uma espécie rara na Austrália. No regime de ameaça dos pormenores técnicos do regime de ameaça de perigo da IUCN, o estatuto de conservação do pato-mergulhão do Norte é pouco preocupante. No entanto, o AEWA, ou seja, o Acordo sobre a Conservação das Aves Aquáticas da África-Eurásia, também se aplica ao pato-trombeteiro.

Tendo em conta a nossa observação a partir de 1998 até 2015, o número de pás do Norte diminuiu consideravelmente. Pode dizer-se que o seu declínio pode ser superior a 80%. Poderão existir várias razões para este facto, que terão de ser apuradas após um registo cuidadoso dos pombos-do-norte e a sua análise aproximada.

No entanto, a nossa investigação aponta para que a verdadeira causa do declínio do número de pás do Norte nos charcos rurais de Haryana, entre 1998 e 2015, esteja diretamente relacionada com o pior estado dos charcos rurais, devido à eutrofização causada pelo jacinto de água e à invasão por parte dos construtores, bem como com o pior estado da água, onde se despejam todos os tipos de materiais orgânicos. Os piores poluentes da água dos lagos de Haryana, onde chegam as aves migratórias, são as práticas que permitem a entrada regular de estrume de vaca na água.

Toda a água das chuvas, juntamente com o estrume de vaca, chega à água do lago. A situação é tão grave que praticamente todos os lagos, sem exceção, em Haryana sofrem de infestação de jacintos, invasão por construtores e despejo de lixo orgânico

Figura: (57) Um pequeno bando de pás do Norte *Anus clypeata* **na lagoa da aldeia de Barani no distrito de Kamal na província de Haryana na Índia**

(28) Pato-real *Aythya ferina* (Linnaeus, 1758)

Nome comum: Pato-real

Nome científico: *Aythya ferina*

Ordem - Anseriformes

Família - Anatidae

Estado da Iucn: Vulnerável (Vu)

Nomes vulgares: - Lal Sir (Hindi), Lal muri (Bengala), Dhusanda (Kutch).

CARACTERES GERAIS DO CAMPO

O pato-real é principalmente uma ave de mergulho. Nos machos (Drake), a cabeça e o pescoço são vermelho-castanho avermelhado, a parte superior das costas e a base do pescoço a toda a volta do peito são pretas. A garupa e as coberturas superior e inferior da cauda são igualmente negras. O espéculo é cinzento-escuro. No macho (Eclipse), a cabeça é muito mais baça, a parte superior do dorso e o peito são castanhos.

Na fêmea (adulta), cabeça, pescoço e peito castanho-avermelhados, coroa enegrecida, bochechas e garganta branco-acinzentadas. Dorso, ombros e coberturas das asas cinzentas mais ou menos vermiculadas de preto. A garupa e as coberturas da cauda são enegrecidas. As asas e as penas da cauda são castanhas. As partes inferiores são maioritariamente castanhas acinzentadas.

Caraterísticas de identificação: - Macho: Pato atarracado, de constituição robusta, com cabeça castanha brilhante, que se distingue facilmente pela plumagem cinzenta vermiculada que termina em preto no peito e na cauda. A fêmea é cinzenta e castanha com a garganta e o abdómen esbranquiçados.

Figura: (58) Pequeno bando de pato-real *Aythya ferina* e pato-de-bico-vermelho na lagoa de Batta Village, distrito de Kaithal, província de Haryana, Índia

DISTRIBUIÇÃO

É uma ave migratória. Em termos globais, o pato-real é um habitante original das regiões setentrionais de toda a Europa, desde Espanha, a oeste, até à fome, a leste. Migra durante o inverno para as regiões meridionais. Nalgumas partes da Europa, é meramente sedentária ou faz movimentos de dispersão de curta distância. A galinha-d'angola chega ao seu local de reprodução no início da primavera, ou seja, em março, e faz a muda imediatamente antes de pôr os ovos, ficando sem voar durante 3-4 semanas. Por outro lado, a sua migração outonal para o local de invernada começa em setembro e atinge o seu pico em novembro. É interessante notar que o macho migra primeiro, seguido da fêmea, o que resulta numa segregação dos sexos na área de invernada; os machos mais a norte e as fêmeas mais a sul. Pode reproduzir-se num só par ou em grupos. No entanto, após a reprodução, torna-se gregário.

HÁBITOS ALIMENTARES

Os patos-comuns são crepusculares, ou seja, chegam ao fim da tarde e alimentam-se durante a noite. Procura o seu alimento mergulhando na água até 3-10 pés. O borrelho-comum prefere zonas extensas de zonas húmidas de águas abertas ricas em nutrientes, onde não deve existir vegetação flutuante, mas sim macrófitas submersas e vegetação emergente. De um modo geral, o pombo-torcaz prefere zonas húmidas abertas muito ricas em vegetação e alimentos para animais, com raízes, rizomas, partes vegetativas de gramíneas, juncos e plantas aquáticas, larvas de insectos aquáticos, larvas de e de moscas caddis, moluscos, crustáceos, vermes, oligoquetas, anfíbios e até pequenos peixes.

Figura: (59) Um pequeno bando de pato-real *Aythya ferina* em Brahmsarovar, no distrito de Kurukshetra, na província de Haryana, na Índia

Como já foi referido, o pato-real é um pato mergulhador e encontra-se na companhia de outros patos mergulhadores, como o pato-rabilongo e o pato-de-bico-vermelho. É interessante notar que o pato-real pode hibridizar com 60 espécies irmãs, mas o pato-comum hibridiza apenas com uma espécie irmã, o pato-rabilongo.

HÁBITOS DE REPRODUÇÃO

A Pardela-comum é originária da Rússia e da Escandinávia e migra para a Grã-Bretanha para se reproduzir. Na sua zona de invernada, a pata-de-burro prefere zonas húmidas como grandes tanques, rios de caudal lento, reservatórios, cascalheiras, habitats costeiros, lagoas salobras, estuários de maré e águas costeiras. Os patos-comuns são principalmente carnívoros que procuram alimento mergulhando no fundo da dieta vegetativa e animal das zonas húmidas, como já foi referido. O seu ninho é bastante peculiar, na medida em que se encontra no topo de um monte de vegetação e tem a forma de uma taça. Por vezes, pode estar posicionado sobre o solo, muito próximo de massas de água. Pode estar escondido numa vegetação densa, em tapetes flutuantes de canas, em canaviais, em poços inundados ou debaixo dos arbustos, sobre o húmus.

A população global de pochards comuns está a diminuir abruptamente a nível mundial. O seu estatuto na IUCN é Vulnerável. Aplica-se-lhe o tratado AEWA. Os caracteres de campo do macho são um longo bico escuro com uma faixa cinzenta, cabeça vermelha, pescoço vermelho, peito preto, olhos vermelhos e dorso cinzento. A principal caraterística é um tufo de algodão branco à volta da parte central do corpo, ou seja, entre as penas do peito e da cauda. A cabeça é triangular. Os patos-comuns são superficialmente semelhantes ao pato-de-cabeça-vermelha, ao pato-rabilongo e ao pato-mergulhão.

CENÁRIO EM HARYANA

Os patos-comuns passam o inverno no Sul da Europa, na Europa Ocidental, no Japão e no subcontinente indiano. No que respeita a Haryana, o pato-real foi praticamente encontrado em todos os lagos das aldeias, embora em pequenos números de 8-10 aves. No entanto, os seus maiores grupos de 50 aves foram observados em lagos de aldeias como Batta, Kalayat, Shergarh no distrito de Kaithal; Koyar Majra, Sandhir, Majra Rodan, Pujam, Barthal no distrito de Kamal e Kanipla, Mathana e Sirsama no distrito de Kurukshetra e muitos outros lagos de aldeias em vários distritos da província indiana de Haryana. Outra caraterística interessante no que respeita ao pato-real é a sua ausência total em lagos de aldeia como Raipur Rodan, Barani e Sunheri Khalsa, etc., onde as aves migratórias de inverno, como o pato-real, a pintaila-do-norte, a marrequinha-comum, a gadelhuda, o e o marreco, estavam presentes em grande número. É interessante notar que, no Reino Unido, o pato-real preferia lagos altamente poluídos com águas residuais, onde a vegetação aquática estava ausente, mas onde se encontravam em grande densidade oligochaetes e outros organismos tolerantes aos poluentes. As ameaças para a pombinha-comum são a caça não qualificada, a recreação aquática, a eutrofização, a predação dos ninhos, os tiros de chumbo, o afogamento em redes de pesca de água doce e a gripe aviária. Na Islândia, até os ovos da pata-de-burro são colhidos.

(29)Pato-de-bico-vermelho *Rhodonessa rufina* (Pallas, 1773)

Nome comum: Pato-de-bico-vermelho

Nome científico: *Rhodonessa rufina*

Ordem - Anseriformes

Família - Anatidae

Estatuto da IUCN: Pouco preocupante

Nomes locais: Lal Sir (Hindi)

Figura: (60) Patos de crista vermelha *Rhodonessa rufina* na barragem de Hathnikund, distrito de Yamunanagar, província de Haryana, Índia

CARACTERES GERAIS DO CAMPO

O macho caracteriza-se por uma cabeça vermelha e um bico carmesim, partes inferiores pretas brilhantes e flancos brancos. As penas da coroa são alongadas e têm uma textura sedosa, formando uma crista que é um pouco mais pálida do que o resto do corpo. A parte superior do corpo é castanha clara com manchas brancas nos ombros e uma barra branca nas asas. A cabeça vermelha, o bico vermelho, o corpo preto, os flancos brancos e a parte inferior das asas branca com uma barra branca nos bordos das asas são muito visíveis em voo. A fêmea é muito mais baça e não tem partes inferiores pretas. A crista é menos desenvolvida na fêmea. O bico vermelho-escuro, a coroa escura, as bochechas e a garganta esbranquiçadas são caraterísticas. O macho em eclipse é castanho fuliginoso baço por cima, com a coroa e a nuca castanho-escuras. A face e o pescoço são esbranquiçados.

CENÁRIO EM HARYANA

O pato-de-bico-vermelho é principalmente uma ave mergulhadora. É uma ave fortemente migratória. O pato-de-bico-vermelho é um visitante de inverno do norte e centro da Índia. Em termos globais, o pato-de-bico-comum é um habitante original do sul de França, da Holanda, da Rússia e da Sibéria Ocidental. É uma ave migratória de inverno muito popular nas regiões setentrionais, incluindo Haryana Punjab, Uttar Pradesh ocidental, Rajasthan oriental, Uttarakhand e Madhya Pradesh. O pato-de-bico-vermelho é uma ave migratória invernal muito importante observada nos charcos rurais de Haryana. Está presente em grande número em grandes tanques de água como Brahmsarovar em Kurukshetra.

Figura: (61) Patos de crista vermelha *Rhodonessa rufina (em voo)* **na barragem de Asan, no distrito de Dehradun, em Uttarakhand, na Índia**

É observada com muita frequência entre novembro e março no lago da aldeia de Dhurala (Kurukshetra), com cerca de 20 hectares de comprimento e largura, na estrada de Jhansa, perto de Kurukshetra. Também está presente em grande durante o inverno em grandes lagos, nomeadamente Kalayat, Batta, Shergarh, Sanch, Sirsal no distrito de Kaithal, Nighdu, Koyar Majra no distrito de Kamal e no lago da aldeia de Madlauda no distrito de Panipat. Os nossos estudos apontam para o facto de que, no bloco de Kalayat, um grande número de patos de crista vermelha chega habitualmente no inverno e também em lagos de grandes dimensões. É curioso constatar que a pata-de-bico-vermelho, juntamente com a pata-de-bico-comum e a pata-de-bico-vermelho, não é afastada pelos aparelhos de afugentamento de aves nos tanques de peixes dos piscicultores de Haryana e, como tal, é encontrada mesmo em tanques de peixes onde aves como o pato-da-serra, a pintail-do-norte, a marrequinha-comum, o gadelhudo, o marreco e o pato-de-bico-vermelho raramente se atrevem a entrar. É muito sensível à presença humana e mantém-se frequentemente no centro de um lago de grandes dimensões e nunca nas suas margens. Em todo o caso, era uma ave migratória de inverno muito popular, praticamente em todos os charcos rurais de Haryana entre 1998 e 2005. No entanto, a partir de 2005AD, o seu número diminuiu drasticamente em todas as lagoas, devido à redução da extensão das lagoas devido à invasão e ao enchimento de terrenos. A eutrofização é outro grande problema em todas as lagoas de Haryana devido ao crescimento excessivo de plantas de jacinto. Assim, pode concluir-se que o pato-de-bico-vermelho se encontrava numa muito confortável nos charcos rurais de Haryana entre 1998 e 2005 d.C. e que, atualmente, se encontra numa situação muito má, ou seja, em fevereiro de 2016. A pata-de-bico-branco raramente foi observada nos charcos rurais tradicionais de Haryana e uma vez, no inverno de 2009-10, foi observada como um único indivíduo na barragem de Asan, em Uttarakhand, no distrito de Dehradun, a cerca de 25 km da fronteira de

Haryana, em Yamunanagar. Existe dimorfismo sexual.

É pertinente mencionar que o pato-de-bico-vermelho, como qualquer outra ave migratória, reproduz-se apenas na sua área de origem. No outono, ou seja, no início de setembro, tem vontade de voar para a sua área de invernada no Sul da Europa e no Sudeste Asiático.

(30) Pato-de-bico-vermelho *Aythya fuligula* (Linnaeus, 1758)

Nome comum: Pato-de-bico-vermelho

Nome científico: *Aythya fuligula*

Ordem - Anseriformes

Família - Anatidae

Estatuto da IUCN: Pouco preocupante

Nomes locais: Dubaru, Rahwari

CARACTERES GERAIS DO CAMPO

Existe dimorfismo sexual. O macho adulto é preto brilhante, exceto nos flancos e no bico cinzento azulado. Na massa de água, parece de facto preto carvão com um flanco oval branco. Os olhos são amarelos.

Os machos (Drake) têm a cabeça, o pescoço, o peito e a cauda pretos. Nos machos, uma mancha branca circular é colocada por baixo do olho. A cor preta do corpo contrasta fortemente com os flancos brancos. O pato-de-bico-vermelho é geralmente designado por pato de pelo-vermelho devido à presença de um tufo muito distinto na cabeça, pelo que é designado por pato de pelo-vermelho. O seu membro completo é de posição occipital.

A fêmea, pelo contrário, é castanha escura com os flancos claros. A crista occipital é rudimentar e o ventre branco.

HÁBITOS DE REPRODUÇÃO

O território de origem do pato-de-rabo-alçado está disponível em toda a Ásia temperada e setentrional. A terra natal é o seu local de reprodução. Reproduz-se na Sibéria Ocidental e Central e passa o inverno na Ásia Central e do Sul. Durante o voo, ambos os sexos apresentam uma larga faixa branca nas extremidades das asas. Migra certamente dos seus locais de reprodução temperados e do norte da Eurásia para a direção sul do Hemisfério Norte, incluindo a Europa do Sul, a Europa Ocidental e o sul da Ásia.

Figura: (62) Pato-real *Aythya fuligula* **em Brahmsarovar, distrito de Kurukshetra, província de**

Haryana, Índia

No Reino Unido, o pato-rabilongo está disponível durante todo o ano. O pato-rabilongo prefere, no inverno, as grandes massas de água abertas ou as zonas húmidas. Pode ser encontrado em grandes bandos. Por outro lado, na sua área de reprodução, o pato-rabilongo prefere lagos pantanosos com muita vegetação. Também se encontra na região costeira, nas margens do mar e em charcos tradicionais de grandes dimensões.

HÁBITOS ALIMENTARES

O pombo-torto é um pato mergulhador e alimenta-se ocasionalmente por mergulho. Durante a sua alimentação, o pato-de-bico-vermelho pode subir à superfície da água. Prefere moluscos, plantas aquáticas e insectos.

Figura: (63) Pato-de-bico-vermelho *Aythya fuligula* **em Jyotisar Tirth, distrito de Kurukshetra, província de Haryana, Índia**

CENÁRIO EM HARYANA

O pombo-torto é certamente visto como uma ave de zonas húmidas visitante de inverno. Prefere as grandes zonas húmidas. Foi frequentemente observado entre o final de novembro e o início de fevereiro em Brahmsarovar: uma zona húmida sagrada no distrito de Kurukshetra, na província de Haryana, na Índia. O pato-de-bico-vermelho é uma pequena ave mergulhadora. É muitas vezes confundido com outro pato, nomeadamente o Scaup Grande, com o qual se assemelha muito. O pato-de-bico-vermelho foi sempre observado nos lagos rurais de Haryana na companhia do pato-de-bico-vermelho, do pato-de-bico-vermelho, do pato-real, do pato-real, do pato-rabilongo e do pato-mergulhão. Também foi observada em alguns grandes lagos rurais selecionados, nomeadamente em Gagsina, Koyar Majra, Barani, Sunheri Khalsa, Kanipla, Gumthala e no rio Yamuna, na província indiana de Haryana.

(31) Pato-ferruginoso ou **pato-de-bico-branco** *Ay thy a nyroca* (Guldenstadt, 1770)

Nome comum: Pato-ferruginoso

Nome científico: *Aythya nyroca*

Ordem: Anseriformes

Família: Anatidae
Estatuto da IUCN: Quase Ameaçado (NT)
Nomes locais: Burar mada (Hindi) Kurchiya

CARACTERES GERAIS DO CAMPO

Macho (Reprodução) A plumagem dos machos é castanho-ruivo e castanho-escuro. A presença de uma grande mancha oval branca no ventre é uma caraterística de diagnóstico. O espéculo é branco. As coberturas inferiores da cauda também são brancas. A caraterística de diagnóstico mais proeminente é o olho branco, visível a curta distância.

Figura: (64) Pato ferruginoso ou **pato de olhos brancos no rio Yamuna, no distrito de Sonepat, na província de Haryana, na Índia**

No macho (Eclipse), a cabeça, o pescoço e o peito são de um avermelhado baço com bordos arenosos nas penas da parte inferior do pescoço. A fêmea (adulta) é semelhante ao macho, mas muito mais baça e castanha em vez de castanha, com o ventre menos branco e não nitidamente demarcado nos bordos. Os olhos são acastanhados.

DISTRIBUIÇÃO

O pato-ferruginoso é uma verdadeira ave visitante de inverno na Índia. Reproduz-se em Caxemira e Ladakh, no Sul da Europa, na Polónia, na Sibéria Ocidental até ao "Ob-valley", em África, no Turquestão e no Tibete. A sua área de invernada é a região mediterrânica, o vale do Nilo, o Golfo Pérsico, a Birmânia e o subcontinente indiano, o que resulta numa segregação dos sexos na área de invernada; os machos mais a norte e as fêmeas mais a sul. Pode reproduzir-se num só par ou em grupos. No entanto, após a reprodução, torna-se gregária.

HÁBITOS ALIMENTARES

Alimenta-se mergulhando na água. A pombinha-ferrugínea prefere zonas húmidas vastas e ricas em nutrientes, onde abundam macrófitas submersas e vegetação emergente. A sua alimentação inclui vegetação enraizada, rizomas, partes vegetativas de gramíneas, juncos e plantas aquáticas, larvas de insectos aquáticos, larvas de mosquitos e de moscas caddis, moluscos, crustáceos, vermes, oligoquetas, anfíbios e até pequenos peixes.

CENÁRIO EM HARYANA

Pode ser encontrada em grandes jheel, lagos, rio Yamuna e barragens em Haryana. É geralmente observada solitária ou em grupos de duas ou três aves. É habitualmente observada na companhia de patos-de-crista-vermelha, patos-comuns, patos-tufos, mergulhões-de-crista e patos-reais. O pato-de-bico-vermelho é crepuscular e costuma estar ativo de manhã cedo e ao fim da tarde. Prefere grandes tanques, rios de caudal lento, albufeiras, barragens, habitats costeiros, lagoas salobras e estuários de maré. Os pombos-ferruginosos são em grande parte carnívoros e procuram alimento mergulhando no fundo das zonas húmidas. É uma das espécies a que se aplica o Acordo sobre a Conservação das Aves Aquáticas Migradoras da África-Eurásia (AEWA).

(32) Pintassilgo *Tadorna ferruginea* (Pallas, 1764)
Nome comum: Pato-de-bico-vermelho
Nome científico: *Tadorna ferruginea*
Ordem: Anseriformes
Família: Anatidae
Estatuto da IUCN: Pouco preocupante
Nomes locais: Chakwa, Chakwi, Surkhab, Lal (hindi)

CARACTERES GERAIS DO CAMPO

Pato grande de plumagem castanha alaranjada com cabeça e pescoço mais pálidos e espéculo verde metálico e bronze. Asa esbranquiçada, parte inferior do dorso e garupa vermiculadas de preto, cauda e coberturas superiores pretas, parte inferior do abdómen castanha e revestimento das asas branco. O macho apresenta um anel preto à volta da base do pescoço na época de reprodução. Em voo, corpo castanho alaranjado com a parte inferior da asa esbranquiçada e espinhos pretos.

Figura: (65) Pintassilgos *Tadorna ferruginea* **na barragem de Hathnikund, distrito de Yamunanagar, província de Haryana, Índia**

Os sexos são semelhantes, mas a fêmea é um pouco mais baça e tem a cabeça mais pálida. A fêmea não tem o anel preto no pescoço. O pato-de-bico-vermelho é muito semelhante ao ganso, mas o bico é mais achatado e quase semelhante ao dos patos.

DISTRIBUIÇÃO

O local de reprodução da maior parte das aves migratórias invernantes é a sua terra natal e, na maior parte das vezes, no hemisfério norte. Assim, o local de reprodução do pato-preto pode ao sudeste da Europa, através da Ásia Central, ao sudeste da Ásia, ao sul de Espanha, ao mar Cáspio, ao sudoeste da China, ao sudeste do Irão, a Ladakh, ao Tibete e à parte superior de Jammu e Caxemira. O pato-preto passa geralmente o inverno como ave migratória no subcontinente indiano. Algumas populações de pato-preto podem também ser encontradas no noroeste de África, no vale do Nilo, no sul da China e no subcontinente indiano, bem como no nordeste de África, ou seja, na Etiópia. As populações de pato-preto estão atualmente em declínio no sudeste da Europa e no sul de Espanha. O pato-preto também pode ser observado ocasionalmente em estado selvagem no leste da América do Norte.

HÁBITOS DE REPRODUÇÃO

O pato-preto reproduz-se em falésias, tocas, buracos de árvores, fendas, mas sempre um pouco afastado da água. O tamanho da ninhada é de 6-16 ovos. Os ovos são brancos e cremosos. O período de incubação é de 30 dias. A formação de pares é mais ou menos permanente.

Figura: (66) Pintassilgos *Tadorna ferruginea* na barragem de Hathnikund, distrito de Yamunanagar, província de Haryana, Índia

CENÁRIO EM HARYANA

O pato-preto é um visitante de inverno comum na província de Haryana, na Índia. Em Haryana, o pato-preto foi observado em zonas húmidas abertas relativamente grandes, como Brahmsarovar em Kurukshetra, Sultanpur Bird Sanctuary em Gurgaon, Damdamma jheeel em Gurgaon, perto de Deli, e Chilchilla Jheel em Kurukshetra. Por outro lado, em alguns charcos de grandes dimensões, como Nigdu no distrito de Kamal, o charco da aldeia de Dhurala no distrito de Kumkshetra, o charco da aldeia de Gumthala no distrito de Yamunanagar, o charco da aldeia de Kyodak, o charco da aldeia de Sakra e o charco da aldeia de Batta no distrito de Kaithal, apesar das grandes dimensões das respectivas massas de água, o pato-preto nunca foi avistado nesses charcos. Outra caraterística interessante da observação do pato-preto em Haryana durante o inverno é a sua presença contínua em pontos específicos, em grupos de 100-120, em todo o curso do Yamuna em Haryana, no lado oriental da fronteira com o Uttar Pradesh. O Rudy Shelduck também esteve presente em grande número nas barragens do rio Yamuna. Por exemplo, na barragem de Hathanikund, o pato-preto pode ser visto durante o inverno em grupos de 200-250 aves. O pato-preto pode ser visto durante o inverno em grupos de 200300 aves. O pato-preto é também observado na barragem de Okhla, em Deli, no rio Yamuna, perto do distrito de Faridabad, em Haryana. Do mesmo modo, o pato-preto foi também observado aos milhares, durante o inverno, na barragem de Asan, que é também uma barragem no rio Asan, muito perto do Parque Nacional de Kalesar, no distrito de Yamunanagar, em Haryana. Em contrapartida, o pato-preto foi raramente observado em numerosos lagos rurais de pequena dimensão em Haryana durante o inverno. É fundamental salientar que, em Haryana, o pato-rabilongo/Rudy Shelduck é frequentemente observado no rio Yamuna, onde a água é limpa, sem vegetação e com extensos bancos de areia. Na ausência de rio e de bancos de areia, o pato-preto visita lagos e grandes zonas húmidas abertas. O pato-preto é a principal ave migratória frequentemente observada em Asan Barrage, perto do Parque Nacional de Kalesar, no distrito de Yamunanagar, na província de Haryana, na Índia. Na barragem de Asan, foi encontrado em pares que passavam a maior parte do tempo nas margens arenosas da água. Os patos-de-bico-vermelho geralmente descansam durante o dia e são encontrados sentados em grandes bandos.

Em Haryana, o pato-preto chega no início de outubro e parte para o seu local de reprodução no início de março. Do ponto de vista evolutivo, o pato-de-bico-vermelho deriva da galinha-d'água. O Tratado sobre a Conservação das Aves Aquáticas Migradoras da África-Eurásia (AEWA) aplica-se a este pato.

(33)Pintassilgo *Dendrocygna javanica* **Horsefield, 1821**

Nome comum: Marreco assobiador menor Nome científico: *Dendrocygna javanica*

Ordem - Anseriformes

Família - Anatidae

Estatuto da IUCN: Pouco preocupante

Nomes locais: Seelkahi (hindi), Seelki.

TAMANHO: - O seu tamanho é igual ao do pato doméstico (42 cm).

CARACTERES GERAIS DO CAMPO

O marreco assobiador é um pato pequeno de cor castanha clara e castanha marrom. O topo da cabeça é castanho, enquanto a cabeça e o pescoço são castanhos claros. As asas são pretas com uma mancha castanha no ombro. A parte superior da cauda é uniformemente castanha e a cauda é castanha escura. A íris é castanha, as pálpebras são amarelo vivo, o bico é azul acastanhado e as patas são azul acastanhado. O som produzido pelo pato assobiador é estridente, sibilante, musical, assobiando durante a noite. Os sexos são semelhantes. As aves jovens (imaturas) são de cor baça. A plumagem inferior é castanha fulva sem brilho.

HÁBITOS ALIMENTARES

O marreco assobiador menor é geralmente vegetariano, alimenta-se de ervas aquáticas, rebentos tenros, grãos e arroz cultivado, mas também se alimenta de peixes, rãs, caracóis e vermes.

A marrequinha-pequena evita geralmente as zonas húmidas profundas e prefere massas de água pouco profundas, como lagoas, lagos pouco profundos e arrozais, onde existe um crescimento abundante de ervas daninhas e vegetação.

Figura: (67) Um pequeno bando de marrecos assobiadores *Dendrocygna javanica* **sentado numa**

pequena ilha de uma grande zona húmida.

CENÁRIO EM HARYANA

O pato assobiador menor é uma ave migratória local no norte da Índia, incluindo Haryana. A marreca assobiadora menor visita Haryana no mês de maio. Mantém-se sempre em pequenos grupos de 8-10 aves nas margens de jheels, lagoas rurais e nos campos de arroz, especialmente onde há muita vegetação. A marrequinha-pequena é geralmente uma ave de alimentação nocturna, que procura segurança durante o dia nos charcos das aldeias rurais, onde há águas pouco profundas, e que se desloca sempre para os charcos ou tanques das aldeias vizinhas ao pôr do sol. Além disso, durante o dia, pode forragear nos arrozais próximos. É importante referir que, em Haryana, o marreco assobiador menor é estival. É pertinente mencionar que milhares de marrecos assobiadores visitam todos os anos, durante o inverno, os parques nacionais de Kaleodeo. O marreco assobiador menor é um bom mergulhador e também caminha bem em zonas pantanosas.

Figura: (68) Marrecos assobiadores menores *Dendrocygna javanica* nadando na água na aldeia de Bhadson, no distrito de Kamal, província de Haryana, na Índia

(34) Pato assobiador fulvo *Dendrocygna bicolor* (Vieillot, 1816)

Nome comum: Pato assobiador Fulvous Nome científico: *Dendrocygna bicolor*

Ordem - Anseriformes

Família - Anatidae

Estatuto da IUCN: Pouco preocupante

Nome comum: Bada Sharal (Bengala)

O pato assobiador Fulvous foi observado repetidamente durante o período de estudo, ou seja, nas épocas de inverno de 2005-2006, 2006-2007 e 2007-2008, especificamente na lagoa da aldeia de Raipur Rodan, a 15 km a sul do distrito de Kurukshetra, em Haryana, na estrada nacional n.º 1. O pato assobiador Fulvous é também conhecido como pato das árvores ou marreco assobiador grande. O seu nome zoológico é *Dendrocygna bicolor*. Pertence à família Anatidae e à ordem Anseriformes. O seu nome de género é Dendrocygna, atribuído por W.L. Swainson. Dendron é uma palavra grega que se assemelha a árvore. Por outro lado, Cygnus é uma palavra latina que significa cisne, ou seja, um pato que se assemelha a uma árvore e, por conseguinte, o nome Dendrocygna. O nome da espécie bicolor é uma palavra latina que significa cor amarela avermelhada porque tem duas cores distintas no seu corpo e daí o nome da espécie bicolor.

Figura: (69) Pato assobiador ***Dendrocygna bicolor*** **no distrito de Yamunanagar, perto da barragem de Hathnikund, na província de Haryana, na Índia**

CARACTERES GERAIS DO CAMPO

Os caracteres de campo distintivos são as patas compridas, os bicos e as patas de cor cinzenta, uma linha de cor preta na parte de trás do pescoço e riscas esbranquiçadas nos flancos. Em voo, asas castanhas em cima e pretas em baixo, sem marcas brancas. A cauda é preta e com um crescente branco na garupa. A caraterística mais distintiva do grande marreco assobiador é o seu aspeto de chocolate instantâneo à distância, com um aspeto escamoso nos membros e, em geral, o seu cânhamo no lado dorsal. Os sexos são semelhantes. No entanto, a fêmea é mais pequena e a plumagem não é brilhante. O pato assobiador Fulvous tem outra caraterística distintiva que é o facto de emitir frequentemente um som semelhante a um assobio. Foi descrito pela primeira vez em 1789 por John Friedrich Gmeling como *Anus fiilva.* Mais tarde, foi rebaptizado *como Anus bicolor* em 1816 por J. P. Viellot.

HÁBITOS DE REPRODUÇÃO

Reproduz-se em toda a região tropical do mundo, na América Central, na América do Sul, nas Antilhas, na África subsariana, na Nigéria e no sul da Ásia, especificamente no subcontinente indiano. Na América do Sul, o grande marreco assobiador reproduz-se de dezembro a fevereiro. Na Nigéria, reproduz-se de julho a setembro e, na América do Norte, de maio a agosto. Na Índia, o período de reprodução é de junho a outubro, com o pico em julho. A formação de pares mantém-se durante toda a vida. O pato assobiador grande exibe um cortejo de curta duração, mergulhando mutuamente a cabeça antes do acasalamento. Após a cópula, segue-se uma curta dança em que as aves levantam o corpo lado a lado na água.

Os ninhos são geralmente feitos de folhas e caules de plantas e não têm um revestimento macio. O ninho é feito em vegetação densa perto da água. Os ninhos também podem ser feitos em pequenas fendas ou buracos nos troncos das árvores.

Os ovos são postos com um intervalo de 24-36 horas. O tamanho da ninhada é de 10 ovos. É peculiar o facto de outros grandes marrecos assobiadores poderem pôr todos os seus ovos nos ninhos de outras fêmeas, onde o número pode chegar a 20. De vez em quando, a fêmea de marrequinha-de-bico-vermelho pode sentir-se inspirada a pôr os seus ovos nos ninhos de pato-preto. Ambos os sexos participam na incubação. O macho e a fêmea revezam-se na incubação em dias alternados. O período de incubação é de 2429 dias.

HÁBITOS ALIMENTARES

O grande pato assobiador alimenta-se em bandos mistos em zonas húmidas, tanto de dia como de noite. Prefere sementes, bolbos, ervas e caules. Ao mesmo tempo, a fêmea é tentada a alimentar-se de vermes aquáticos, moluscos e insectos imediatamente antes da postura dos ovos. Alimenta-se a andar, a nadar, a subir e até a mergulhar. Mas nunca mergulha a uma profundidade superior a 2-3 pés. As suas plantas favoritas são o floco de neve aquático, as ervas daninhas aquáticas, o painço Boourgou, a erva Shama, o nenúfar azul do Cabo, a erva-moura de folhas cerosas, o beakrush, o Flatsedge e os Polygonums. Por vezes, pode alimentar-se em campos de arroz, o que constitui uma praga para as culturas de arroz. É uma ave muito prolífica, apesar do stress ambiental que outras aves enfrentam. Atualmente, a sua população mundial é de 1,3-1,5 milhões (IUCN). A sua área de reprodução e de habitat é muito vasta a nível mundial, de tal modo que o pato assobiador conseguiu expandir a sua área de distribuição nas Índias Ocidentais, na América do Sul, no leste dos Estados Unidos, em Cuba, na Florida e na Península do Cabo. O tratado AEWA aplica-se a esta ave.

CENÁRIO EM HARYANA

Um grande marreco assobiador foi certamente avistado numa aldeia como Raipur Rodan em Nilokheri Tehsil no distrito de Kamal na província de Haryana na Índia. Esta aldeia fica a 15 km a sul do distrito de Kurukshetra, na autoestrada nacional n.º 1. O seu número era limitado a 4-6 e nunca mais. Foi também observada na lagoa da aldeia de Koyar Majra, no distrito de Kamal, em 2007-2008. Na lagoa da aldeia de Raipur Rodan, foi geralmente observada em terrenos lamacentos e pantanosos na periferia da lagoa. Embora possa estar a florescer na sua área de origem noutras partes do mundo, o seu número parece ser muito escasso em Haryana. Talvez isso esteja relacionado com a sua já escassa presença no subcontinente indiano ou, mais ainda, no norte de Haryana. É interessante notar que, enquanto o marreco assobiador menor é observado durante o verão (maio-setembro), o marreco assobiador grande só chega a Haryana no inverno, entre novembro e fevereiro. Nunca foi visto a reproduzir-se aqui.

Em conclusão, em Haryana, a marrequinha grande assobiadora só é observada em alguns lagos de aldeia selecionados entre novembro e fevereiro. Foi sempre observada em pequeno número, ou seja, 4-6. Nunca foi observada a reproduzir-se no local. Assim, parece que o marreco assobiador grande é uma ave migratória local em Haryana, na medida em que passa o inverno no Norte da Índia e reproduz-se no Sul da Índia. Nunca foi visto a alimentar-se nos campos de trigo, mostarda e cana-de-açúcar em Haryana. Só porque actua como uma praga nos campos de arroz, enfrenta a ameaça da sua eliminação através da caça pelos agricultores.

(35) Garganey Anas *querquedula* Linnaeus, 1758

Nome comum: Garganey

Nome científico: *Anas querquedula*

Ordem - Anseriformes

Família - Anatidae

Estatuto da IUCN: Pouco preocupante

CARACTERES GERAIS DO CAMPO

O marreco é um visitante invernal comum do subcontinente indiano e pode ser encontrado nos lagos rurais de Haryana durante o inverno. No macho, a cabeça e o pescoço são castanho-rosados e salpicados de branco. A presença de largas riscas brancas nas sobrancelhas, de ombros azuis pálidos na asa e de escapulares alongadas no macho são diagnósticos. As partes superiores são castanho-escuras. As coberturas são cinzentas azuladas e o espéculo é verde entre duas bandas brancas. O peito é castanho-claro salpicado de preto e todas as outras partes inferiores são brancas, finamente onduladas nos lados. A parte inferior da cauda é manchada de preto.

Figura: (70) Um par de marrecos *Anas querquedula* **na lagoa da aldeia de Raipur Rodan, no distrito de Kamal, província de Haryana, na Índia, durante o inverno.**

Na fêmea, a plumagem superior é castanha, com cabeça castanha e sobrancelhas esbranquiçadas. A garganta é branca e uma linha escura conspícua vai do bico, passando pelo olho, até à nuca. As coberturas são castanho-acinzentadas. O espéculo é igual ao do macho, mas mais cor de azeitona do que verde. A parte superior do peito é acastanhada e o respiradouro é salpicado de castanho.

O macho em eclipse é semelhante à fêmea, mas com as asas completamente coloridas. O macho imaturo também é semelhante à fêmea, mas é mais escuro, com as partes inferiores acastanhadas e um espéculo proeminente.

Figura: (71) Um par de marrecos *Anas querquedula na* **lagoa da aldeia de** Koyar Majra, **no distrito de Kamal, província de Haryana, na Índia, durante o inverno.**

DISTRIBUIÇÃO

Encontra-se em todo o subcontinente indiano e é um pato visitante de inverno. Chega na última semana de setembro e parte na última semana de abril e no mês de maio de cada ano. Encontra-se em zonas húmidas de pequenas ou grandes dimensões, como rios, pântanos, riachos de maré, jheels, barragens e também em lagos rurais na Índia, incluindo Haryana. É habitualmente observada na companhia de pás-do-norte, pinhões-do-norte, marrecos-comuns e gadelhas. Encontra-se normalmente em pequenos grupos, ou apenas um ou dois pares, em zonas húmidas com pouca água.

Figura: (72) Um par de marrecos Anas *querquedula* na **lagoa da aldeia de Palwal, no distrito de Kurukshetra, província de Haryana, na Índia, durante o inverno.**

HÁBITOS ALIMENTARES

A sua alimentação inclui principalmente sementes, rebentos de plantas pantanosas, gramíneas, juncos, grãos de culturas selvagens e cultivadas, mas pode ingerir alimentos animais como insectos aquáticos, vermes, moluscos e pequenos insectos. É uma ave visitante de inverno e é sempre vista no inverno todos os anos em pequenas lagoas, rios, lagos, lagoas e barragens de rios na Índia. É uma ave tímida e, normalmente, alimenta-se à noite, mas no inverno é frequentemente observada de manhã cedo e ao fim da tarde para se alimentar nos charcos rurais de Haryana.

HÁBITOS DE REPRODUÇÃO

Reproduz-se geralmente na Sibéria, na Rússia, no Mar Cáspio, etc. O seu ninho tem a forma de uma depressão no solo em prados húmidos e também na relva e é geralmente constituído por folhas, ervas, vegetais e algumas penas. O tamanho da ninhada é de 8 a 12 ovos, mas ocasionalmente pode chegar aos 20 ovos.

CENÁRIO EM HARYANA

O marreco é uma ave visitante de inverno na província de Haryana, na Índia, e é geralmente observado em lagos rurais em Haryana. Foi geralmente observada em pequeno número em vários lagos de aldeia em Haryana, nomeadamente Raipur Rodan, Barani, Nigdu, Koyar Majra, Majra Rodan, Jamba, Samana, Labkari, Gheer no distrito de Kamal; Umri, Samani, Kanipla, Amin, Dhurala, Sirsama, Mathana, Suneheri Khalsa, Kirmich no distrito de Kurukshetra e Pundri, Pharal, Sanck, Kyodak, Rasina no distrito de Kaithal. É pertinente mencionar que o marreco se encontra em alguns lagos importantes em todos os distritos da província de Haryana, na Índia. É geralmente visto em modo ativo e alimenta-se constantemente de comida enquanto nada.

(36) Piadeira-comum *Anas penelope*

Linnaeus, 1758

Nome comum: Pombo-torcaz euro-asiático

Nome científico: *Anas penelope*

Ordem - Anseriformes

Família - Anatidae

Estatuto da IUCN: Pouco preocupante

O seu nome comum é "Chhota Lalsir" ou "Patari". É uma bela ave desportiva. Na água, parece mais elevada do que o pato-real. É uma ave não mergulhadora, mas mergulha no ar em alturas de perigo no ar. No entanto, mergulha com muita força, sempre que é ferida pelo caçador.

É uma ave migratória de inverno no Norte e no Nordeste da Índia. Também é frequentemente observada nos charcos rurais tradicionais de Haryana. É uma espécie muito abundante, juntamente com todos os outros patos que visitam durante a época de inverno os rios, os pântanos, os sarovares, os lagos e os charcos rurais tradicionais de Haryana. Mais precisamente, é uma das aves migratórias invernais de zonas húmidas mais abundantes na Índia, exceto na região costeira.

Figura: (73) Pombo-torcaz *Anas penelope* a nadar na lagoa da aldeia de Sunehri Khalsa, no distrito de Kurukshetra, província de Haryana, na Índia, durante o inverno.

CARACTERES GERAIS DO CAMPO

O seu tamanho é semelhante ao do pato doméstico. O seu peso médio é de 6-7 kg. O macho de pombo-galego (Drake) durante a época de reprodução é nitidamente dourado-creme na testa e na coroa, em contraste com a cabeça e o pescoço castanhos.

O dorso e os flancos são cinzentos vermiculados, com uma mancha de grandes dimensões nas espáduas e uma cor preta bem definida na parte inferior da cauda. A cabeça e o pescoço são castanho-rosados, com sobrancelhas brancas largas e visíveis e o espéculo é verde. O peito é castanho claro salpicado de preto. As restantes partes inferiores são brancas e manchadas de preto junto ao respiradouro. O macho na época não reprodutora é igual à fêmea, mas com as asas totalmente coloridas. O seu bico é azul-acinzentado ou azul-escuro ou azul-vivo com a ponta preta. Por outro lado, as fêmeas caracterizam-se por sobrancelhas brancas, garganta branca e uma linha escura distinta desde o bico até aos olhos e à nuca. Pode ser confundida com a fêmea de marreco-comum.

CENÁRIO EM HARYANA

É uma das aves migratórias das zonas húmidas que mais cedo visitam o inverno nos charcos rurais tradicionais de Haryana. Por exemplo, na maior parte das vezes, está muito presente no mês de outubro, atingindo o seu pico na última semana de dezembro. O seu número ou grupo num determinado lago rural específico raramente ultrapassa os 10-15 casais e nunca mais do que isso. Um dos aspectos caraterísticos do seu quotidiano é a sua interessante disposição em terrenos relvados, muito perto das margens dos charcos. Foi visto a alimentar-se em terrenos lamacentos perto das massas de água, a alimentar-se de vegetação enquanto nadava e também com o corpo completamente submerso na água, com a cabeça levantada e a cauda para cima. O Wigeon é um derivado do Mallard selvagem. O pombo-euro-asiático foi popularmente observado em lagoas rurais de Haryana, como Raipur rodan, Barani, Samana, Nigdu, Koyar Majra, Sataundi, Sirsama, Labkari e Kunjpura.

É muito pertinente mencionar que nunca foi visto a reproduzir-se em lagoas pantanosas e em poças de água em lagoas rurais em Haryana. No entanto, foi certamente observada mesmo em abril e maio, ao contrário de todas as outras aves migratórias de inverno que partem certamente no final de março. Provavelmente, as aves migratórias da Sibéria visitam Haryana e outras partes da Índia durante o inverno. Alimenta-se caminhando e pastando nas margens verdes de Jheels, arrozais ou subindo em águas pouco profundas. Voa em bandos. Pode comer sementes, rebentos, plantas aquáticas, arroz selvagem, arroz cultivado, até insectos, larvas e crustáceos, moluscos. É uma ave gregária, mas foi observada em pequenos bandos em Haryana. O seu ninho é de erva emaranhada com uma cama espessa de penas escondida na vegetação perto da água. O tamanho da ninhada é de 6 a 12 ovos. A cor dos ovos é azul-escuro. O período de incubação é de 24-48 horas.

(37) GadwallAna5 *strepera,* Linnaeus, 1758

Nome comum: Gadwall

Nome científico: *Anas strepera*

Ordem: Anseriformes

Família: Anatidae

Estatuto da IUCN: Pouco preocupante

Nomes comuns: Beykur, Seenkh Par, Nanda, Nanja

CARACTERES GERAIS DO CAMPO

O Gadwall é uma ave húmida migratória de inverno em Haryana. O seu nome comum é "Beykur", "Seenkh- Par", "Nanda" e "Nanja". Raramente é vista no sul da Índia. É um pato. Uma das suas caraterísticas mais diagnósticas é a presença de uma mancha branca brilhante nos bordos das asas durante o voo. Por outro lado, em repouso, uma mancha castanha em frente do espéculo preto e branco é outra caraterística de diagnóstico. Existe dimorfismo sexual. No macho (Drake), a cabeça é cor de chocolate com uma mancha branca de cada lado, uma pena pontiaguda em forma de barbatana, muito para além da cauda. As penas são orladas e vermiculadas de branco fulvo.

Na fêmea, a cabeça e o pescoço são estriados de castanho e branco, a plumagem superior é castanha escura, o peito é rufo, o abdómen é branco. O Gadwall é imediatamente reconhecido pela presença de um espéculo branco dividido por uma barra preta de uma mancha castanha nas coberturas das asas. O macho tem a cauda com uma mancha preta aveludada e o peito é marcado por um crescente castanho e branco.

Figura: (74) Um par de Gadwall *Anas strepera* **na lagoa da aldeia de Raipur Rodan no distrito de Kamal na província de Haryana na Índia durante o inverno.**

HÁBITO DE CRIAÇÃO

O Gadwall é um habitante das regiões temperadas da Europa, do noroeste da Ásia e da América do Norte em todo o hemisfério norte. Como já foi referido, é uma ave migratória invernal das zonas húmidas. Migra para a Abissínia, Myanmar, China, México, Florida e Índia. O seu habitat mais comum são os sapais de água doce, os grandes jheels com vegetação rica. Pode ser encontrada em pequenos bandos de 10-20-30 aves. O Gadwall alimenta-se à superfície. A sua alimentação é constituída principalmente por vegetação, plantas aquáticas, grãos e, por vezes, moluscos e insectos.

Figura: (75) Um pequeno bando de Gadwall *Anas strepera* na lagoa da aldeia de Jirbari no distrito de Kurukshetra na província de Haryana na Índia.

CENÁRIO EM HARYANA

No que respeita à Índia, encontra-se no Norte da Índia durante o inverno, de outubro a abril. No sul da Índia, não é encontrada ou, se for encontrada, é-o apenas em pequenos números. No que diz respeito a Haryana , é uma ave migratória húmida de inverno muito comum e popular. De facto, é praticamente encontrada em grandes e pequenos lagos rurais em Haryana. Durante o período 2005-2010 e posteriormente, foi observada em vários distritos da província indiana de Haryana. Por exemplo, foi observada em aldeias como Sunehri Khalsa, Dhurala, Sirsama, Umri, Samani, Jyotisar, Mathana no distrito de Kurukshetra; Samana Bahu, Barana-Barani, Barthal, Nigdu, Koyar majra, Gagsina, Labkari, Geed, Kalsora no distrito de Kamal; Pundri, Sanch, Sirsal, Kyodak, Pharal no distrito de Kaithal, etc.

(38) Marreco-comum *Anus creca* Linnaeus, 1758

Nome comum: Marreco-comum

Nome científico: *Anus creca*

Ordem - Anseriformes

Família - Anatidae

Estatuto da IUCN: Pouco preocupante

Nomes comuns: Chhoti Murghabi, Patari, Chowtee, Souchumka (Hindi), Patari Hans, Tulsibigri (Bengala)

CARACTERES GERAIS DO CAMPO

O carácter de campo do marreco-comum inclui, entre outras, caraterísticas como a sua plumagem verde-azulada. Durante a época não reprodutora, os machos não diferem das fêmeas. No macho, a cabeça e a parte superior do pescoço são da cor do peito, com uma larga faixa verde metálica orlada por uma linha branca proeminente acima e abaixo do olho. O espéculo é verde metálico preto debruado a preto aveludado, visível em voo. O queixo é castanho-escuro, a parte inferior do pescoço é redonda, o dorso e a parte lateral do corpo são ligeiramente barrados de preto e branco, a garupa é castanha, a parte superior da cauda é preta com bordos fulvos e as asas são castanhas. Manchas escamosas em todo o corpo. O peito é esbranquiçado com manchas pretas e o abdómen é branco.

O bico do macho é cinzento-escuro com um tom esverdeado claro na base. O bico da fêmea é amarelado na base, escurecendo em direção à ponta. Os machos têm patas cinzentas escuras. No macho (em eclipse), a cabeça é igual à da fêmea, mas a coroa e a nuca são castanho-escuras.

Na fêmea, a plumagem superior, as asas e a cauda são castanho-escuras e as extremidades das penas são mais pálidas. As partes inferiores do corpo são esbranquiçadas, os lados e a superfície inferior da cabeça e do pescoço são marcados de castanho e o peito com manchas castanhas. As fêmeas têm as patas castanho-acinzentadas e os pés castanho-acinzentados.

Figura: (76) Um par de marrecos comuns ***Anus creca*** **no lago da aldeia de Sunehri Khalsa no distrito de Kurukshetra na província de Haryana na Índia**

De facto, a marrequinha-comum é um pato mais pequeno. Pode dizer-se que a marrequinha-comum parece um "pato-real" em miniatura. A marrequinha-comum é muito gregária. É uma ave migratória muito faladora. A marrequinha-comum é o pato mais pequeno do género anus. A marrequinha-comum é, por conseguinte, uma verdadeira marrequinha, estreitamente relacionada com o pato-real. Além disso, pensa-se que o pato-real evoluiu a partir do pato comum marreco. Forma uma super espécie com o marreco de asas verdes e o marreco salpicado. A marrequinha-comum é um pato de pequeno porte com patas palmadas.

Figura: (77) Um par de marrecos comuns ***Anus creca*** **na lagoa da aldeia de Bar ana no distrito**

de Kamal na província de Haryana na Índia

DISTRIBUIÇÃO

O seu tamanho é semelhante ao de um pato doméstico de meia idade. A marrequinha-comum visita os lagos rurais de Haryana, na Índia, todos os invernos, do início de outubro a março. Na verdade, a marrequinha-comum é um habitante da Eurásia temperada, incluindo o Reino Unido, a Irlanda, a Sibéria, a região de Cascosus, a Ásia Menor ocidental, a costa norte do mar Negro e a costa sul da Islândia, onde se reproduz. Assim, a marrequinha-comum é uma ave húmida migratória de inverno que migra do hemisfério norte da Eurásia para a parte sul do subcontinente indiano, incluindo a província de Haryana.

HÁBITOS DE REPRODUÇÃO

As suas zonas de verão e de inverno sobrepõem-se em algumas partes. Ao mesmo tempo, pode até ser não migratória. Inverna no subcontinente indiano. No inverno, pode estar disponível na região mediterrânica, na Sibéria, no Japão peninsular, no Sul da Ásia, em toda a extensão do vale do Nilo, na Coreia do Sul e no Sudeste Asiático. As suas zonas de invernada isoladas incluem o lago Vitória, o estuário do rio Senegal, os pântanos do alto rio Long e o vale central do Indo. Nalgumas partes, o seu vagabundo pode ser visto no rio costeiro da Califórnia e da Carolina do Sul. Encontra-se disponível em grandes quantidades. O seu declínio no passado recente é muito marginal. É uma espécie pouco preocupante de acordo com a IUCN. A marrequinha-comum é uma das espécies a que se aplica o acordo sobre a conservação das aves aquáticas migratórias africanas e euro-asiáticas. É um pato que se alimenta durante a pastagem, podendo submergir a cabeça para se alimentar ou, por vezes, mergulhar para se alimentar. Durante o inverno, é vegetariano, alimentando-se de sementes, gramíneas, grãos e juncos. É totalmente não vegetariano, alimentando-se de invertebrados aquáticos, crustáceos, larvas de insectos, vermes e moluscos durante a época de reprodução. É diurno nas zonas de invernada. O acasalamento ocorre durante a invernada, pelo que os marrecos chegam em pares ao local de reprodução. É um reprodutor terrestre. Os ninhos são forrados com folhas secas e penas de penugem. Os ninhos são construídos numa vegetação densa perto da água. Após a postura dos ovos, os machos esquecem as suas parceiras e as crias. O tamanho da ninhada é de 5-16 ovos. A incubação dura 21-23 dias. Os machos e as fêmeas chegam geralmente separados ao local de invernada.

CENÁRIO EM HARYANA

No subcontinente indiano, a marrequinha-comum está muito espalhada durante a época de inverno, incluindo o Paquistão, o Nepal, o Sri Lanka, as ilhas Andaman e Nicobar, as Maldivas e a Islândia. No que respeita à província indiana de Haryana, é uma das primeiras aves a visitar os lagos rurais durante o inverno. O seu número durante o mês de dezembro,

janeiro é muito grande. Foi observada em posição muito ativa, flutuando na água em grande número, alimentando-se muito ativamente durante o dia. As nossas observações apontam para o facto de que, apesar do declínio de 1020% registado noutras zonas de invernada, a perda em número nos lagos rurais de Haryana é substancial. Por exemplo, costumava aparecer em maior número durante o inverno no lago da aldeia de Raipur, no distrito de Kamal, entre 2003 e 2009. Atualmente, porém, não é observada de todo durante o inverno nos charcos rurais.

(39) Pato de bico pontiagudo *Anas poecilorhyncha* **J.R. Forester, 1781**

Nome comum: Pato-bico-de-papagaio

Nome científico: *Anas poecilorhyncha*

Ordem - Anseriformes

Família - Anatidae
Estatuto da IUCN: Pouco preocupante
Nomes comuns: Garm Pai, Gugral (Hindi), Kora (Manipur)
TAMANHO: - O pato bico de pato é uma ave bastante grande, com um comprimento de 24 polegadas.

CARACTERES GERAIS DO CAMPO

A cabeça e o pescoço são esbranquiçados com estrias castanhas, exceto no queixo e na garganta. A plumagem é cinzenta-acinzentada e castanha-escura. O espéculo é verde metálico brilhante entre duas barras brancas. A parte inferior do dorso, a cauda e uma mancha acima e abaixo são pretas; o peito e a parte inferior do abdómen são brancos fulvos e manchados de castanho. A superfície inferior das asas é branca. Os sexos são semelhantes. A caraterística mais caraterística do pato bico de pato está ligada à íris, que é castanha, e o bico é preto com uma ponta amarela e uma mancha vermelha de cada lado da base. As patas são vermelho-alaranjadas.
A fêmea é mais pequena e muito mais baça do que o macho. O pato de bico manchado apresenta uma versão cinzenta da fêmea do pato-real e, ao mesmo tempo, dá a impressão de um espéculo verde com escamas, o que não é verdade, devido à presença de uma mancha vermelha na base do bico. O nome pato-de-rabo-alçado é assim designado devido à mancha vermelha no seu bico, especialmente no macho

Figura: (78) Pato de bico pontiagudo na lagoa da aldeia de Gumthala, no distrito de Yamunanagar, província de Haryana, na Índia.

É popularmente chamado de pato de bico fino. É um pato de bico manchado. O seu nome zoológico é *Anas poecilorhyncha*, que também se refere à sua outra caraterística de campo relacionada com a cor pálida e vermelha do bico. De acordo com um ponto de vista, o pato bico-de-rabo-alçado tem 3 subespécies, nomeadamente: (i) o pato bico-de-rabo-alçado indiano *Anas poecilorhyncha poecilorhyncha;* (ii) o pato bico-de-rabo-alçado oriental *Anas poecilorhyncha zonorhyncha* e (iii) o pato bico-de-rabo-alçado birmanês *Anas poecilorhyncha.* Tanto assim é que alguns autores chegam mesmo a afirmar que a subespécie *Anas poecilorhyncha zonorhyncha* é efetivamente uma espécie.

DISTRIBUIÇÃO

O pato de bico pontiagudo é *Anas poecilorhyncha* e encontra-se no Paquistão, Tailândia, Myanmar,

China, China oriental, Japão e Índia. O pato de bico pontiagudo indiano está presente no norte da Índia, incluindo Assam, Brahmaputra e no noroeste da Índia central. Trata-se de uma ave migratória local. Por outro lado, a subespécie do norte, o pato-de-rabo-alçado oriental, ou seja, *Anas zonorhyncha*, é migratória. Migra durante o inverno para o Sudeste Asiático. O pato-de-rabo-alçado é gregário na época não reprodutora.

HÁBITOS ALIMENTARES

O pato-de-rabo-alçado é uma ave de lagos e pântanos de água doce. Alimenta-se de plantas aquáticas, mergulhando as suas cabeças principalmente ao fim da tarde e à noite. É geralmente visto nas zonas húmidas onde há muitas plantas vegetativas. Foi observada em grandes bandos de mais de 20 casais numa grande massa de água com jacintos, perto da paragem de autocarros da cidade de Ambala. Geralmente, alimenta-se de moluscos, rãs, minhocas e insectos. Também é visto em campos de arroz em pequenos números. No entanto, nunca se viu uma cena destas em Haryana, embora cada centímetro de terreno agrícola esteja repleto de culturas de arroz. Por conseguinte, o pato-bico-de-rabo-alçado é certamente uma ave migratória local em Haryana que nunca é vista na estação das chuvas.

Figura: (79) Patos de bico pontiagudo sentados nas ilhas da lagoa da aldeia de Sambli, no distrito de Karnal, na província de Haryana, na Índia.

HÁBITOS DE REPRODUÇÃO

Reproduz-se de julho a agosto no Norte da Índia e de novembro a dezembro no Sul da Índia. Aloja o seu ninho numa vegetação densa no solo, perto da água. O tamanho da ninhada é de 8 a 14 ovos. A fêmea só inicia a incubação dos ovos depois de o último ter sido posto. Assim, todos os ovos eclodem simultaneamente. A posição filogenética do pato de bico manchado é muito confusa. Em cativeiro, apenas se hibridiza com o pato-real, o pato-preto-do-pacífico e o pato-das-filipinas. O pato bico-de-lacre indiano tem uma divergência mais recente em relação ao pato-real e às suas irmãs; *a Anas poecilorhyncha zonorhyncha* parece estar relacionada com os clados americanos.

CENÁRIO EM HARYANA

No que diz respeito à situação do pato de bico manchado em Haryana, parece tratar-se de uma ave maioritariamente residente. Está praticamente presente em todos os charcos durante a época de inverno em Haryana, em grupos de 10-20 aves, aproximadamente. Não foi possível avistar o pato-de-rabo-alçado em Raipur Rodan, no distrito de Kamal, etc., ao mesmo tempo que, possivelmente, não foi avistado em vários lagos como Raipur Rodon Barani, Koyar Majra, Majra Rodan, Nigdu, Shergarh, Kalayat, Batta, Mathana e Sirsama.

Parece que, em Haryana, o pato-de-rabo-alçado prefere massas de água abertas e de grandes dimensões, muito próximas de habitações humanas, e que estas massas de água devem estar suficientemente preenchidas com ervas turfosas que emergem nitidamente acima da superfície da água na companhia de plantas de jacinto de água. Como tal, procura um refúgio seguro em massas de água abertas, cobertas de vegetação, em processo de eutrofização. É pertinente salientar aqui que o pato-de-bico-pontiagudo foi encontrado na maioria das grandes massas de água abertas em Haryana, como Raipur Rodan, Barani, Samani, Gumthala, Koyar Majra e Majra Rodan, partindo juntamente com outras aves migratórias. No entanto, são necessárias mais investigações para determinar o local onde chega depois do inverno ou durante o verão. Ao mesmo tempo, foi observada em 2009, entre junho e agosto, em lagos de aldeias como Umri, Palwal, Jyotisar, etc. De acordo com os conhecimentos de que dispomos atualmente, o pato-de-rabo-alçado reproduz-se durante a estação das chuvas no norte da Índia.

No entanto, este fenómeno não pôde ser observado em Haryana, especialmente em Kurukshetra e arredores.

40. Pato de pente *Sarkidiornis melanotos* (Pennant, 1769)

Nome comum: Pato de pente

Nome científico: *Sarkidiornis melanotos*

Ordem - Anseriformes

Família - Anatidae

Estatuto da IUCN: Pouco preocupante

CARACTERES GERAIS DO CAMPO

O pato de pente é também chamado de pato Nutka ou pato de bico de maçaneta. O pato de pente é um grande pato parecido com um ganso; a parte superior do dorso é preta com manchas azuis, verdes e roxas. A parte inferior do dorso é cinzenta, o que é notório durante o voo. A cabeça e o pescoço são brancos salpicados de preto. A plumagem superior é preta, exceto a parte inferior do dorso cinzento-acastanhado. O espéculo é bronze.

Figura: 79 (a) Um pato de pente *Sarkidiornis melanotos* durante a natação na lagoa da aldeia de Umri, no distrito de Kurukshetra; (b) Um pequeno bando de patos de pente *Sarkidiornis melanotos* sentado na ilha na lagoa da aldeia de Pharal, no distrito de Kaithal, na província de

Haryana, na Índia

O macho tem um botão carnudo ou pente na parte superior do bico, que é mais visível na época de reprodução. Os sexos são semelhantes, mas a fêmea é mais pequena e não tem pente no bico. Não existe plumagem de eclipse. As aves jovens imaturas parecem-se normalmente com o ganso pigmeu *Nettapus coromandelicus.*

DISTRIBUIÇÃO

O pato-de-pente é comum nas regiões bem irrigadas do subcontinente indiano, no Srilanka, em Myanmar e em África. Encontra-se geralmente em grandes jheels, pântanos, tanques de água, sarovares e lagoas de aldeias rurais com margens de juncos.

HÁBITOS ALIMENTARES

Os patos de pente são, geralmente, omnívoros e alimentam-se de grãos de arroz, raízes, rebentos e sementes de várias plantas aquáticas através de pastoreio ou de debicagem e, em menor escala, de pequenos peixes, pequenos invertebrados, larvas, vermes e de ovos e larvas de certas plantas aquáticas. Os patos de pente são geralmente vistos nos arrozais e podem tornar-se um problema para os agricultores. Empoleira-se frequentemente nas árvores. A época de reprodução vai de junho a setembro, dependendo das condições da água.

CENÁRIO EM HARYANA

É um dos maiores patos encontrados no subcontinente indiano. É uma ave migratória de verão no norte da Índia. Visita os lagos rurais de Haryana entre o início de maio e setembro. É normalmente encontrado em pequenos bandos de 10-20 aves. O pato-de-pente foi observado principalmente em lagos de aldeia como Umri, Samani, Karami, Bir- mathana no distrito de Kurukshetra; Pharal, Pundri, Kyodak, Sanch, Kalayat no distrito de Kaithal e Nigdu, Koyar majra, Jamba, Pujam no distrito de Kamal em Haryana. Foi observada na água e empoleirada na periferia dos lagos das aldeias. O seu número máximo foi observado em lagos como Pharal, Umri, Kyodak e Sanch. É pertinente mencionar que o pato-de-pente só foi observado no verão em Haryana e nunca no inverno. Visita os lagos das aldeias no início de maio e permanece até à primeira semana de setembro de cada ano. Em geral, encontra-se em pequenos bandos de 5-10-20 aves em Haryana. Também foi observada em vários distritos de Haryana, como Faridabad, Gurgaon, Sonepat, Rohtak, Panipat, Palwal, Jind, Yamunanagar e Ambala.

CAPÍTULO 9

(V) ORDEM: GRUIFORMES
FAMÍLIA: GRUIDAE

A maior parte das aves são grandes, muito graciosas, com pescoço comprido e pernas compridas que se assemelham às cegonhas, mas são iguais ou pouco mais compridas do que a cabeça. As asas são largas e as narinas estão cobertas por uma membrana na parte posterior e situam-se acima da metade das mandíbulas. As asas secundárias internas são muito alongadas e estão sempre a cair sobre a cauda. A cauda é curta. Os dedos dos pés são curtos, muito fortes e sem membranas. A maioria das aves apresenta o fenómeno da migração e o voo é sempre poderoso e o padrão de migração é em forma de V com a cabeça, o pescoço e as pernas estendidos. As aves jovens são nidífugas.

(41) Grou-sarraceno *Grus antigone* (Linnaeus, 1758)

Nome comum: Grou de Sarus Nome científico: *Grus anti gone* **Ordem: Gruiformes**
Família: Gruidae
Estatuto da IUCN: Vulnerável (Vu)

CARACTERES GERAIS DO CAMPO

Os grous-saras são aves muito altas (1,5 a 2 metros) de zonas húmidas abertas, com cor vermelha na cabeça e na parte contígua do pescoço. Toda a sua plumagem é ligeiramente cinzenta. Em voo, as primárias pretas nas asas podem ser vistas em contraste com as brancas atrás. Os sexos são semelhantes.

A fêmea é ligeiramente mais pequena do que o macho. É o maior grou-indiano, com a cabeça e a parte superior do pescoço nuas e avermelhadas. Toda a plumagem é acinzentada, o bico é esverdeado e as patas vermelhas. A cabeça e a parte superior do pescoço são de um vermelho vivo, a coroa é ligeiramente acinzentada, o pescoço é branco, as penas exteriores são castanho-escuras e as penas interiores são cinzentas e esbranquiçadas.

DISTRIBUIÇÃO

Os grous-saras encontram-se em pequeno número em todo o mundo, incluindo a Índia, a China, a Birmânia, o Sudeste Asiático e o Norte da Austrália. Na Índia, a população de grous-de-bico-vermelho está normalmente limitada a algumas centenas, nos distritos de Etawa e Mainpuri, no Uttar Pradesh, no Parque Nacional de Keoladeo, em Bharatpur, no Rajastão, em algumas partes de Gujarat, a oeste, e em Assam, a leste. Atualmente, pode ser observada em zonas húmidas abertas, em condições livres, no distrito de Kanpur-Dehat, Mainpuri e Etawah, nas planícies indo-gangéticas do Uttar Pradesh. Também pode ser encontrada no Parque Nacional de Sultanpur. Em condições isoladas, pode ser encontrada em Gujarat e Assam.

Os grous-saras foram inicialmente baptizados como "Sarasa", que se refere ao seu habitat - ave de lago em sânscrito. O nome específico de Antígona deriva da filha de Édipo que, infelizmente, se enforcou - talvez esteja relacionado com a caraterística de pele nua do pescoço da ave. O grou-saras é uma ave não migratória de zonas húmidas abertas, conhecida pela sua perfeita fidelidade conjugal, com uma distribuição muito limitada na Índia. É uma ave rara nos distritos de Palwal e Faridabad, no sul de Haryana, com apenas 10-15 pares de aves, geralmente ao longo da margem do rio Yamuna. É vista principalmente aos pares e encontra-se sempre nas proximidades da água, nunca se empoleirando numa árvore, mas sempre no chão. É importante referir que os grous-saras formam pares para toda a vida e vivem sempre em estreita companhia. Ao mesmo tempo, alimentam-se sempre em conjunto. São muito dedicados um ao outro.

É interessante notar que também foram observados alguns pares nos distritos de Faridabad e Palwal, no sul de Haryana, na Índia. Estes precisam de ser protegidos e conservados.

Figura: (80) Um par de grous-saras na vasta zona húmida do distrito de Palwal, na província de Haryana, na Índia.

CENÁRIO EM HARYANA

No que respeita a Haryana, a Saras Crane foi observada em números muito escassos, de tal modo que, na maior parte das vezes, apenas um par foi observado nos distritos de Palwal, Faridabad, Gurgaon, Sonepat e Jhajjar. Nunca foi observada nos distritos de Hissar,
Fetehabad, Jind, Sirsa, Yamunanagar, Ambala, Panchakula, Kamal, Kurukshetra e Panipat.
Atualmente, a população viável de grous-saras sobrevive em populações isoladas em Mainpuri, Etah, Etawa, Agra, Mathura e Kanpur Dehat. Foi recentemente exterminada dos distritos de Bagpat, Muzzafamagar, Bullandsahar, Saharanpur e Aligarh, na parte ocidental do Uttar Pradesh.

É pertinente mencionar que o grou-saras é normalmente visto num único par ao longo das linhas ou carris dos caminhos-de-ferro perto do distrito de Sonepat, em Haryana. Ao mesmo tempo, um par foi avistado em 2010 em campos de trigo à beira da estrada de Palwal, na autoestrada Dehli Mathura. Do mesmo modo, foi avistado um único par numa via férrea perto da estação ferroviária de Hodal, no distrito de Palwal, que fica mais perto da cidade de Kosi-Kalan, no distrito de Mathura. O que é mais interessante é a sua presença nas proximidades de cidades industrialmente desenvolvidas, como a cidade de Ballabgarh. O grou-saras foi observado na aldeia de Ghonchi, na estrada Ballabgarh-Sohna, na aldeia de Harchandpur, na estrada Ballabgarh-Sohna, e na aldeia de Amarpur, na estrada Mohna-Palwal. O grou-de-saras também foi observado no lago Damdamma, nos subúrbios de Gurgaon, mas como um único par. É reconfortante constatar que foram avistados mais de uma dúzia de casais em várias zonas. No entanto, é preocupante o facto de nunca terem sido observadas mais de duas aves num mesmo local. Pode argumentar-se que os grous-de-bico-vermelho são curiosidades aviárias maravilhosas e que existem certamente na zona de Brij Pradesh, no sul da província de Haryana, mas numa situação muito difícil, enfrentando os maiores obstáculos. A disponibilidade de locais de nidificação reduziu-se a zero. Os pequenos e grandes charcos de água, necessários à sua sobrevivência, foram destruídos. O facto de cada metro de terreno agrícola ter caído em zonas de cultivo múltiplo intensivo torna a necessidade obrigatória de 15 metros quadrados uma possibilidade distante. Por isso, é necessário assegurar uma "ilha" múltipla de 15 a 20 metros quadrados nas zonas onde se observam os grous-saras. Isto só pode ser feito com o papel ativo e voluntário do funcionário das florestas em estreita cooperação com os agricultores em cujos campos as aves Saras são frequentemente vistas como residentes e criadores habituais e naturais.

É interessante notar que, há apenas algumas décadas, as zonas húmidas de Mainpuri, Etawah e Aligarh estavam repletas desta curiosidade aviária de elite igualitária. Também o lago Damdamma em Gurgaon, os subúrbios das zonas húmidas de Sultanpur, as zonas húmidas de Palwal, a autoestrada Palwal-Mathura - Agra e os campos de cultivo em Sonepat tinham vários pares de grous-saras. Os distritos limítrofes de Western Uttar Pradesh (Aligarh, Mathura, Agra, Hathras, subúrbios rurais de Bagpat-Noida) estavam repletos de aves de grous Saras, embora dispersas. É crucial salientar que, atualmente, os grous-saras raramente são observados num território contíguo, mesmo no seu habitat tradicional. No entanto, é uma tendência encorajadora o facto de, apesar de terem sido vistos muito poucos casais, a sua presença em números minúsculos nos interpelar e inspirar a conservar e proteger estes grous Saras, identificando os locais onde ainda sobrevivem.

ORDEM: GRUIFORMES
FAMÍLIA: RALLIDAE

Inclui aves com o corpo comprimido lateralmente. As asas são curtas e arredondadas e a cauda é pontiaguda. O tamanho é pequeno a médio e os hábitos são crepusculares ou diurnos. A plumagem é castanha, preta ou verde. O bico é curto e robusto nas galinhas-d'angola e nos galeirões. As aves pertencentes à família rallidae podem andar, correr e nadar eficazmente, mas não voam bem, exceto algumas aves que são migradoras de longa distância. Os jovens são nidífugos.

(42) Galinha-d'água de peito branco *Amaurornis phoenicurus* (Pennant, 1769)

Nome comum: Galinha-d'água de peito branco Nome científico: *Amaurornis phoenicurus*
Ordem Gruiformes
Família Rallidae
Estatuto da IUCN: Pouco preocupante

CARACTERES GERAIS DO CAMPO

É uma ave de cor escura, com uma máscara branca larga e conspícua que se estende atrás dos olhos e o peito é branco. A plumagem superior e os flancos do corpo são geralmente cinzentos-ardósia e existe uma mancha castanho-azeitona visível acima da base da cauda. A testa, os supercílios e os lados da cabeça são brancos e as partes inferiores são de um branco sedoso. O ventre é ruivo, as coberturas inferiores da cauda, a parte lateral do peito e os flancos são cinzento-escuro. As pernas e os pés são verde-amarelados.

Figura: (81) Galinha-d'água de peito branco *Amaurornis phoenicurus* na lagoa da aldeia de Amin, no distrito de Kurukshetra, província de Haryana, na Índia.

DISTRIBUIÇÃO

A galinha-d'água de peito branco está amplamente distribuída por toda a região oriental. É uma ave residente na Índia, Paquistão, Nepal, Sikkim e Butão. É sempre vista em pântanos de juncos, margens de campos de arroz inundados, poças cheias de chuva, poças à beira da estrada, valas, lagoas de aldeia e todos os locais onde há água em Haryana.

Figura: (82) Galinha-d'água de peito branco *Amaurornis phoenicurus* na lagoa da aldeia de Ramgarh no distrito de Kurukshetra na província de Haryana na Índia.

HÁBITOS DE REPRODUÇÃO

A época de reprodução decorre de junho a outubro, durante a estação das monções. O ninho é geralmente colocado no chão, nas margens de tanques, valas, lagoas de aldeia e poças à beira da estrada e sempre escondido com vegetação dentro de arbustos grossos e baixos. O tamanho da ninhada é de 6 a 7 ovos. Os ovos são um pouco compridos, lisos, ovais, de cor branca cremosa ou rosada. Ambos os sexos participam na incubação. As crias recém-nascidas são extraordinariamente activas e mergulham ou dispersam imediatamente quando são perturbadas.

CENÁRIO EM HARYANA

É um dos trilhos mais comuns e mais familiares em Haryana. É geralmente visto em habitações humanas. Encontra-se frequentemente nos arredores das aldeias e também em locais públicos, como parques, dentro dos limites da população humana. Encontra-se geralmente em todos os locais onde há água rodeada por uma cobertura espessa de plantas de jacinto. Alimenta-se geralmente em terrenos abertos e procura grãos de cereais, insectos e moluscos. Quando se apercebe de alguma ameaça, levanta voo a uma certa distância e depois corre rapidamente sobre o solo. É uma ave ruidosa. O seu chamamento normal é um som metálico agudo, tal como o barulho de um pilão e de um almofariz. A sua voz é krr-kwaak- kwaak, krr, kwaak-kwaak ou kook-kook

(43) Galeirão comum *Fulica atra* Linnaeus, 1758

Nome comum: Galeirão-comum

Nome científico: *Fulica atra*

Ordem: Gruiformes

Família: Rallidae

Estatuto da IUCN: Pouco preocupante

CARACTERES GERAIS DO CAMPO

O galeirão-comum é uma ave parecida com um pato e vulgarmente designada por "Dasari", "Aari", "Khuskul" e "Thekari" em língua hindi. É uma ave migratória de inverno na província de Haryana, na Índia, e chega geralmente no mês de setembro de cada ano, na época de inverno. Toda a sua plumagem é cinzento-escura e mais escura na cabeça, no pescoço e na parte inferior da cauda, sendo os bordos das asas esbranquiçados.

Os jovens imaturos são castanhos acinzentados em cima e castanhos claros mosqueados de branco em baixo. A íris é vermelha e as patas são verdes. O bico é robusto e pontiagudo e o escudo frontal branco-marfim é uma caraterística diagnóstica. Os sexos são iguais.

DISTRIBUIÇÃO

É geralmente uma ave visitante de inverno na Índia, Paquistão, Nepal, Sri Lanka, mas também residente em alguns locais da Índia. Encontra-se geralmente em grandes bandos de milhares de indivíduos

em grandes lagos e santuários de aves em Haryana, na companhia de patos de crista vermelha, patos comuns e patos-reais. Foi encontrada em todos os grandes lagos de aldeia, incluindo o sagrado Brahmsarovar, no distrito de Kurukshetra, na província de Haryana, na Índia. Também visita em grande número o lago Sultanpur e Bhindawas Jheel no distrito de Gurgoan e no distrito de Jhajjar, respetivamente, bem como as zonas húmidas de Sonepat e a barragem de Hathnikund no distrito de Yamunanagar, em Haryana, na Índia.

Figura: (83) Um pequeno bando de galeirão-comum *Fulica atra* **na lagoa da aldeia de Pharal, no distrito de Kaithal, na província de Haryana, na Índia.**

HÁBITOS DE REPRODUÇÃO

Reproduz-se na Rússia, na Sibéria, no Uzbequistão, em Kandhar, no Baluchistão e no Paquistão. Na Índia, reproduz-se em Caxemira nos meses de maio e junho. Os ninhos são sempre construídos entre os juncos e outra vegetação aquática. O ninho é constituído por juncos e bandeiras com uma depressão no topo para os ovos. O tamanho da ninhada é geralmente de 6 a 10 ovos. No inverno, é frequentemente observada em grande número em grandes massas de água abertas, o que torna a extensão de água de cor negra. A sua alimentação é constituída, em grande parte, por matéria vegetal e também por peixes, insectos e moluscos.

Figura: (84) Um pequeno bando de galeirão-comum *Fulica atra* **na lagoa da aldeia de Pundri, no distrito de Kaithal, província de Haryana, na Índia**

CENÁRIO EM HARYANA

No que diz respeito a Haryana, o galeirão-comum é uma ave de zonas húmidas muito proeminente e comummente observada nos lagos rurais de Haryana durante a época de inverno. Tendo em conta o seu número e o seu avistamento imediato, os seus companheiros proeminentes são os patos do Norte, os patos de Pochards, os patos-reais, os patos de Pintails, os marrecos comuns, os patos de Gadwalls, os patos de Garganeys e os patos de bico pontiagudo. O galeirão-comum foi avistado em grande número em vários lagos de aldeias em Haryana.

Entre 1998 e 2008, o galeirão-comum foi observado em maior número nos charcos rurais de Haryana. Por exemplo, no distrito de Kamal, foi observado um grande número de galeirões-comuns em vários lagos de aldeia, como Raipur Rodan, Barana, Nigdu, Koyar Majra e Sataundi, etc. Ao mesmo tempo, no distrito de Kumkshetra, o galeirão-comum foi observado em vários lagos de aldeia, nomeadamente Jyotisar, Umri, Amin, Dhurla, Ismailabad, Thol e também em Brahmsarovar Tirth, que estava repleto de milhares de galeirões-comuns em dezembro-janeiro. As nossas observações apontam para o facto de o galeirão-comum começar a chegar em pequeno número na primeira semana de setembro e o seu número máximo ser observado em novembro, dezembro e janeiro e mesmo no mês de fevereiro. O que é interessante é a sua partida na primeira semana de março, que é abrupta e muito rápida, de modo que, no final de março, já não se vêem galeirões comuns em Haryana.

(44) Galinha-d'água-roxa *Porphyrio porphyrio* (Linnaeus, 1758)

Nome comum: Galinha-d'água roxa
Nome científico: *Porphyrio porphyrio*
Ordem: Gruiformes
Família: Rallidae
Estatuto da IUCN: Pouco preocupante

CARACTERES GERAIS DO CAMPO

Os sexos são semelhantes. A galinha-d'água-roxa é uma ave elegante, grande e arroxeada, com patas compridas. Toda a plumagem é azul-púrpura, com cabeça cinzento-acastanhada pálida e testa vermelha e calva, ou seja, um casco vermelho ou um escudo frontal largo sobre a coroa é a sua caraterística diagnóstica mais proeminente. Os sexos são semelhantes. Os juvenis imaturos do galeirão-comum são mais pálidos, com o escudo frontal e o bico enegrecidos. As pernas e os pés são castanho-alaranjados. Os lados das asas e o peito são azul-esverdeados claros. As asas e as penas da cauda são pretas. Uma mancha branca sob a cauda é visível quando as aves se agitam a cada passo.

Figura: (85) Galinha-d'água roxa *Porphyrio porphyrio* na lagoa da aldeia de Palwal em distrito de Kurukshetra na província de Haryana na Índia.

DISTRIBUIÇÃO

A galinha-d'água-roxa distribui-se amplamente no subcontinente indiano, incluindo o Paquistão, o Baluchistão, o Afeganistão, o Sião e em toda a Índia. É uma ave residente na Índia, incluindo Haryana. É normalmente observada em zonas húmidas grandes e pequenas com caniçais, proliferações de jacintos e outra vegetação abundante.

CENÁRIO EM HARYANA

Em Haryana, encontra-se em todos os charcos em que há uma degradação do charco pelo jacinto, ou seja, encontra-se sempre em charcos eutrofizados em Haryana. Geralmente, era visto em pequenos grupos e passava o seu tempo nos canaviais, nas plantas de lótus e nas plantas de jacinto.

Figura: (86) Galinha-d'água roxa *Porphyrio porphyrio* na lagoa da aldeia de Samani no distrito de Kurukshetra na província de Haryana na Índia

A sua alimentação é geralmente constituída por legumes, sementes e grãos, ou seja, consome sobretudo alimentos vegetais. Também come insectos e moluscos. Não danifica as culturas dos agricultores. Não é um bom voador, ou seja, quando é perturbado, não procura as asas, mas caminha imediatamente sobre as patas para fugir.

A época de reprodução decorre de junho a setembro no Norte da Índia e de novembro a fevereiro no Sul da Índia. O ninho tem a forma de uma grande almofada de palhas de arroz firmemente entrelaçadas, caule de erva e é colocado sobre ervas ou juncos flutuantes. A ninhada é constituída por 3 a 7 ovos. Ambos os sexos participam na construção do ninho e na incubação. É interessante notar que o macho faz uma exibição de cortejo segurando as ervas daninhas no bico e virando-se para a fêmea. O ovo é largo, oval e compacto. Geralmente ocorre camuflagem.

(45) Galinha-d'água comum ***Gallinula chloropus*** **(Linnaeus, 1758)**

Nome comum: Galinha-d'água comum Nome científico: ***Gallinula chloropus*** **Ordem: Gruiformes**

Família: Rallidae

Estatuto da IUCN: Pouco preocupante

CARACTERES GERAIS DO CAMPO

Os sexos são iguais. É vulgarmente designado por "Jal murghi" ou "Pani Murgi". A plumagem superior é castanha escura, a cabeça e o pescoço cinzento-escuro e o bordo branco da asa fechada é uma caraterística diagnóstica. A parte inferior é cinzenta-escura e a parte inferior da cauda é branca com uma mancha central preta.

Figura: (87) Galinha-d'água comum ***Gallinula chloropus*** **na lagoa da aldeia de Pujam, no distrito de Karnal, província de Haryana, na Índia.**

As pernas são verdes e compridas, o bico verde e um escudo frontal vermelho vivo na testa. Os jovens imaturos têm o corpo acastanhado e as partes inferiores são misturadas com branco. O escudo frontal é castanho-esverdeado. A galinha-d'água-comum é encontrada na proximidade de coberturas densas e é facilmente identificada pela mancha vermelha na base do bico, pernas verdes e bordos brancos nas asas fechadas.

DISTRIBUIÇÃO

Encontra-se geralmente na Europa, África, Ásia, América, Ilhas Havaianas, Paquistão, Nepal e Srilanka. É geralmente um migrador de inverno em Haryana. Pode ser encontrada em todos os lagos das aldeias de Haryana no inverno, de setembro a abril, em pequenos bandos. Ocorre geralmente em charcos de aldeia, pântanos, lagos, valas, poças à beira da estrada com leitos de juncos, plantas aquáticas, lótus, plantas de jacinto, etc.

HÁBITOS ALIMENTARES

É geralmente omnívora e alimenta-se de sementes, frutos, rebentos, moluscos, insectos, larvas, rãs jovens e peixes de pequeno porte.

HÁBITOS DE REPRODUÇÃO

Reproduz-se em Caxemira de maio a agosto, sobretudo no lago Dal. O ninho apresenta-se sob a forma de uma massa volumosa de juncos e folhas de junco, mantida num canavial denso, apenas alguns centímetros acima do nível da água. A dimensão da ninhada é de 5 a 12 ovos. Os ovos são de cor amarelada pálida a lustrosa. Ambos os sexos participam na construção do ninho, na incubação e na alimentação das crias. O período de incubação é de 21 dias.

Figura: (88) Galinha-d'água comum *Gallinula chloropus* **na lagoa da aldeia de Labkari, no distrito de Kamal, província de Haryana, na Índia.**

CENÁRIO EM HARYANA

Encontra-se em todos os lagos das aldeias da província de Haryana, na Índia. Foi geralmente observada em lagos de aldeia como Jirbari, Samani, Raipur rodan, Barthal, Garhi Birbal, Labkari, Karami, Gadli, Mathana, Niwarsi, Ladwa, Shadi-pur Ladwa, Sirsama, Mirjapur, Jyotisar, Sarsa, Sanch, Karsa, Pundri, Pharal, etc. É geralmente observada em pequeno número. É uma ave migratória invernal. É, em grande parte, uma migradora local e muda de habitat consoante a disponibilidade de água.

CAPÍTULO 10

(VI) ORDEM: CHARADRIIFORMES
FAMÍLIA: RECURVIROSTRIDAE
(Alfaiates e pernilongos)

Toda a plumagem é branca, preta ou cinzenta acastanhada. O bico é geralmente reto nos pernilongos e curvado nos alfaiates. As asas são longas e pontiagudas. A cauda é curta e as patas são extremamente longas. Os pés são palmados e o hálux é muito vestigial ou ausente. Os jovens são nidífugos.

(46) Pernilongo *Himantopus himantopus* **(Linnaeus, 1758)**

Nome comum: Pernilongo de asa preta

Nome científico: *Himantopus himantopus*

Ordem: Charadriiformes

Família: Recurvirostridae

Estatuto da IUCN: Pouco preocupante

CARACTERES GERAIS DO CAMPO

O pernilongo é uma ave esguia, preta e branca, com um bico longo e reto e pernas compridas. O bico é preto e as patas são vermelhas. O macho em plumagem de inverno é branco com asas pretas pontiagudas. No macho adulto, toda a plumagem acima e abaixo é branca, exceto o manto e as asas, que são de um preto metálico. Apresenta algumas manchas pretas na cabeça e manchas castanhas cinzentas claras na cauda. A superfície inferior das asas é preta. Na fêmea adulta, o manto e as asas são maioritariamente castanhos e a cabeça e o pescoço brancos manchados de cinzento acastanhado.

Figura: (89) Pernilongo *Himantopus himantopus* **na lagoa da aldeia de Labkari, distrito de Karnal, província de Haryana, Índia.**

Na plumagem de verão, as partes inferiores dos machos apresentam uma tonalidade rosada e o topo da cabeça torna-se preto e branco. Só existem três dedos dos pés, parcialmente unidos por uma membrana. O dedo posterior está ausente.

DISTRIBUIÇÃO

É uma espécie amplamente distribuída e pode ser encontrada no sul da Europa, em África, no centro e no sul da Ásia, na América e na Austrália. No subcontinente indiano, é normalmente uma ave residente e reproduz-se no noroeste da Índia. Pode ser encontrada em todas as planícies durante o inverno.

Figura: (90) Pernilongo *Himantopus himantopus* na lagoa da aldeia de Karami, distrito de Kurukshetra, província de Haryana, Índia

HÁBITOS ALIMENTARES

É uma ave gregária das zonas húmidas e encontra-se em pequenos e grandes grupos em pequenos jheels, lagos, pântanos, sarovares, culturas inundadas e lagoas de aldeias rurais no norte da Índia, incluindo Haryana. As suas longas patas e o seu bico comprido permitem a esta ave caminhar em águas mais profundas, ao contrário de outras aves pernaltas. A sua alimentação é constituída, em grande parte, por sementes de plantas aquáticas, insectos, moluscos, aquecedores aquáticos e pequenas sementes de plantas dos pântanos.

HÁBITOS DE REPRODUÇÃO

A reprodução ocorre de abril a junho. Os ninhos são construídos em colónias em zonas húmidas pouco profundas, ou seja, nas margens de jorros, lagoas e pântanos. O ninho é constituído por pequenos pedaços de areia, paus, partes de plantas e outros detritos que se encontram na água ou na lama. A ninhada é constituída por 3 a 4 ovos. Quando perturbadas, as aves protestam ruidosamente, batendo as asas e saltando freneticamente. As aves em incubação, quando se aproximam dos invasores, permitem que estes se aproximem antes de abandonarem o ninho e demonstram ruidosamente a ameaça, voando alto no ar e pairando com gritos estridentes.

Figura: (91) (a) Pernilongo *Himantopus himantopus* sentado no ninho na lagoa da aldeia de Pujam no distrito de Karnal na província de Haryana na Índia, (b) Ninho de pernilongo

Himantopus himantopus.

CENÁRIO EM HARYANA

O pernilongo é uma das aves pernaltas mais comuns das zonas húmidas, que pode ser observada praticamente em todas as depressões de águas rasas e planas da província de Haryana, na Índia. O seu número é, por vezes, muito elevado, especialmente nos locais onde há água de esgotos ou água expelida pelos moinhos de arroz durante todo o ano. Muitas vezes, são vistas em estado de inatividade. No entanto, as aves pernaltas estão muitas vezes ocupadas a procurar e a sondar comida dentro de poças de água de esgotos sujas e de cor extremamente negra. Por outro lado, os pernilongos de asa negra também são vistos em poças de água chuvosa, que têm um bom aspeto em Haryana.

(47)Alfaiate-preto *Recurvirostra avosetta*
Linnaeus, 1758
Nome comum: Alfaiate-preto
Nome científico: *Recurvirostra avosetta*
Ordem: Charadriiformes
Família: Recurvirostridae
Estatuto da IUCN: Pouco preocupante

CARACTERES GERAIS DO CAMPO

O alfaiate-preto é uma ave pantanosa graciosa, preta e branca, com o seu bico preto fino e curvo e as suas longas patas azuis nuas. A coroa da cabeça, a nuca, o pescoço posterior, as escápulas e as coberturas inferiores das asas são pretas. Na plumagem de inverno, a cauda é acinzentada e as asas secundárias são mais acinzentadas do que pretas. Os sexos são semelhantes. O alfaiate-preto é uma ave migratória de inverno na Índia, incluindo Haryana. Pode ser observada em todas as lagoas rurais das aldeias de Haryana no inverno, entre outubro e março. É geralmente observada em águas pouco profundas, jheels, lagos, lagoas, tanques de água, sarovares, lodaçais, salinas, riachos de maré e estuários. Os sexos são semelhantes.

Figura: (92) Representação do alfaiate-preto na lagoa da aldeia de Majra-Rodan, no distrito de Kamal, província de Haryana, na Índia

HÁBITOS ALIMENTARES

É geralmente visto a vadear em águas pouco profundas ou nos lodaçais e alimenta-se caminhando nos lodaçais ou em águas pouco profundas. Também se alimenta em águas profundas devido à presença de patas com membranas adaptadas à natação e levanta frequentemente as pernas como um pato para chegar ao fundo em busca de alimento. Alimenta-se normalmente de pequenos insectos, moluscos e crustáceos. É uma ave migratória, pelo que é não se reproduz no Norte da Índia, que é o seu local de invernada.

HÁBITOS DE REPRODUÇÃO

Reproduz-se na Holanda, no Mar Negro, no Mar Cáspio, nas estepes do Quirguistão e na região mediterrânica, na China, na África Tropical e do Sul e também em algumas partes da Índia.
Salim Ali descobriu, em abril de 1945, ninhos de alfaiate-preto pela primeira vez na região indiana, no Grande Rann de Kutch. O tamanho da ninhada é de 4 ovos, tal como o abibe-de-cabeça-vermelha. Ambos os progenitores participam na incubação. O período de incubação é de 22-24 dias.

CENÁRIO EM HARYANA

Encontra-se geralmente aos pares ou em pequenos grupos nos lagos das aldeias rurais de Haryana. É uma ave comum de inverno em Haryana. O alfaiate-preto foi geralmente observado em Haryana durante a estação de inverno, de outubro a março. Os lagos mais importantes onde o alfaiate-pintado foi sempre observado incluem Koyar Majra, o lago da aldeia de Nigdu, Majra Rodan, Raipur Rodan, Barthal, etc., no distrito de Kamal; Sunehri Khalsa, Kanipla, Palwal no distrito de Kurukshetra, etc. O alfaiate-preto foi sempre visto em pequenos grupos de 6-20 aves em Haryana.

Figura: (93) Representação do alfaiate-preto ***Recurvirostra avosetta*** **na lagoa da aldeia de Sakra, no distrito de Kaithal, província de Haryana, na Índia**

ORDEM: CHARADRIIFORMES
FAMÍLIA: JACANIDAE

O bico é mais fino em Hydrophasianus do que em Metopicus, sem lapela na base. As asas são espigadas. Os sexos são semelhantes. Em algumas espécies o bico é moderadamente longo, reto e comprimido. Cúlmen curvado na ponta. A cauda é mais curta e as asas não são arredondadas. A 1ª e 2ª primárias são mais longas. Os dedos dos pés são muito alongados. As fêmeas são maiores do que os machos.

(48)Jacana *Hydrophasianus* de cauda faisonada *chirurgus* (Scopoli, 1786)
Nome comum: Jacana de cauda faisonada
Nome científico: *Hydrophasianus chirurgus*
Ordem: Charadriiformes
Família: Jacanidae
Estatuto da IUCN: Pouco preocupante

CARACTERES GERAIS DO CAMPO

Na plumagem de inverno, a parte superior do corpo é castanha salpicada de branco na testa e no pescoço posterior. A face e o pescoço anterior são brancos. O pescoço posterior é amarelo acastanhado pálido. É visível uma linha branca sobre o olho. As penas exteriores da cauda são brancas, as penas centrais da cauda são castanhas e existe uma mancha branca nos lados do corpo. Na plumagem de verão, a cabeça e a parte anterior do pescoço são brancas. Uma mancha preta na nuca e uma linha preta estreita delimitam o pescoço posterior amarelo dourado pálido e brilhante e a parte anterior do pescoço branca. Toda a plumagem superior é castanho chocolate brilhante. As coberturas superiores da cauda, a garupa e a cauda são enegrecidas. Os lados e a parte inferior das asas são brancos. A cauda é longa, pontiaguda e semelhante a uma foice, sendo por isso chamada Jacana de cauda de faisão. A íris é amarelo-pálido. O bico é azulado no verão e castanho escuro com a base amarela no inverno. As patas são pálidas no verão e esverdeadas no inverno. Os dedos dos pés são muito longos com garras mais compridas.

Figura: (94) Jacana *Hydrophasianus chirurgus* de cauda faisonada em poça à beira da estrada perto da aldeia de Palwal no distrito de Kurukshetra na província de Haryana na Índia

DISTRIBUIÇÃO

A jacana de cauda de faisão está amplamente distribuída pela Índia, Myanmar, Sri Lanka, Sul da China, Java, etc. É uma ave residente na Índia. Na província indiana de Haryana, é migratória estival e pode ser encontrada entre abril e agosto, na época estival. Vive em pântanos, jheels, poças à beira da estrada, pequenas valas, pequenos lagos rurais onde há presença de juncos, lótus e outras plantas flutuantes, o que lhe permite caminhar facilmente sobre a vegetação.

Figura: (95) Jacana *Hydrophasianus chirurgus* **de cauda faisonada em poça à beira da estrada perto da aldeia de Amin no distrito de Kurukshetra na província de Haryana na Índia**

HÁBITOS DE REPRODUÇÃO

A época de reprodução decorre de junho a agosto, sobretudo na estação das monções. Os ninhos são de vários tipos, como uma massa de ervas daninhas e juncos amontoados numa pequena ilha dentro da lagoa ou do lago ou em campos de arroz em crescimento ou, por vezes, numa estrutura flutuante de ervas daninhas e relva. O tamanho da ninhada é de 4 ovos.

CENÁRIO EM HARYANA

A jacana de cauda faisonada foi observada em Haryana em Amin, Jyotisar, Brahmsarovar, Palwal, Umri em Kurukshetra, Hodal, Palwal, Damdamma Jheel, lago Sultanpur no distrito de Gurgaon, lago Bhindawas no distrito de Jhajjar. Encontra-se habitualmente em todos os lagos das aldeias onde existe uma cobertura vegetal espessa. É pertinente mencionar que o seu número foi sempre de 2-4 e, por vezes, até cerca de 10. O seu número máximo foi observado no lago da aldeia de Palwal, no lago da aldeia de Amin e no lago da aldeia de Sunehri Khalsa, no distrito de Kurukshetra, em Haryana. É uma ave muito tímida. Corre e dá cambalhotas na superfície da água de forma apressada.

(49)Jacana de asa bronzeada *Metopidius indicus* **(Latham, 1790)**

Nome comum: Jacana de asa bronzeada

Nome científico: *Metopidius indicus*

Ordem: Charadriiformes

Família: Jacanidae

Estatuto da IUCN: Pouco preocupante

CARACTERES GERAIS DO CAMPO

Os sexos são semelhantes. É uma ave semelhante a uma carriça em que a cabeça, o pescoço e as partes inferiores do abdómen são pretas e brilhantes, de cor verde escura. Tem dedos e garras compridos, o que lhe permite caminhar sobre as ervas daninhas e as plantas aquáticas. A sua plumagem é negra com o dorso bronzeado e a cauda curta castanha. A presença de asas e dorso bronzeados sugere o seu nome como jacana de asas bronze. A linha branca sobre os olhos, as penas de voo pretas com um brilho verde-escuro e as coberturas castanhas, a parte inferior do abdómen e as coxas castanho-escuras, são algumas das caraterísticas do jacana de asas de bronze.

As pernas são verde-escuras.

Figura: (95) Jacana *Metopidius indicus* em Jyotisar sarovar no distrito de Kurukshetra na província de Haryana na Índia

DISTRIBUIÇÃO

A jacana-de-asa-bronze é uma ave muito difundida na Índia, Myanmar, Península Malaia, Sião, Sumatra e Java. Na Índia, encontra-se no oeste e no norte da Índia, juntamente com Bengala. É uma espécie puramente residente.

HÁBITOS DE ALIMENTAÇÃO E REPRODUÇÃO

A sua alimentação é constituída principalmente por matéria vegetal, insectos aquáticos, larvas, moluscos e crustáceos. A época de reprodução decorre de junho a setembro, geralmente na estação das chuvas. Os ninhos têm a forma de uma almofada circular com uma depressão para a postura dos ovos e são constituídos por ervas aquáticas e juncos. Os ninhos são geralmente construídos sobre as folhas de plantas de lótus de crescimento denso. A ninhada é geralmente constituída por 4 ovos.

CENÁRIO EM HARYANA

A jacana-de-asas-bronze é uma ave puramente residente e encontra-se geralmente em jéis, pântanos e raramente é vista no rio. Encontra-se normalmente nas zonas húmidas onde a água está escondida pelas folhas de lótus e outras plantas aquáticas, juntamente com caniçais ao longo da periferia. É pertinente mencionar que é um bom mergulhador e nadador sempre que necessário. É uma ave muito tímida e reservada, podendo ser encontrada em charcos próximos de habitações humanas. Quando se encontra em perigo, geralmente submerge o seu corpo em águas profundas para se esconder. Ao mesmo tempo, pode também esconder-se deitado junto às ervas daninhas com a cabeça e o pescoço bem esticados.

As nossas observações apontam para o facto de a jacana-de-asa-bronze se encontrar sobretudo no lago da aldeia de Jyotisar, no lago da aldeia de Sarsa, no lago da aldeia de Dhurala, no lago de Shadipur Ladwa, no lago da aldeia de Karami em Kurukshetra e em vários lagos de aldeia onde existe Kamal-Kakadi.

ORDEM: CHARADRIIFORMES
FAMÍLIA: CHARADRIIDAE

O bico é reto, robusto e algo espesso em algumas espécies e delgado em poucas, ou ligeiramente levantado e inchado na ponta. As narinas estão situadas num longo sulco. As asas são geralmente longas e pontiagudas. A cauda é curta e ligada por uma membrana na base. Os dedos dos pés posteriores são geralmente muito pequenos ou inexistentes. A primeira pena é geralmente mais comprida nalgumas espécies. Os sexos são semelhantes, mas a fêmea é muito mais pequena e mais baça do que o macho. O voo é forte, rápido e muito sustentado.

(50)Abibe-de-cabeça-amarela *Vanellus malabaricus* **(Boddaert, 1783)**

Nome comum: Abibe de papo amarelo Nome científico: *Vanellus malabaricus*

Ordem: Charadriiformes

Família: Charadriidae

Estatuto da IUCN: Pouco preocupante

CARACTERES GERAIS DO CAMPO

O abibe-de-cabeça-amarela é uma ave de aspeto geralmente castanho com coroa preta, bico preto com amarelo na base e na abertura, ventre branco, barra da asa e patas longas amarelas e barbela brilhante na face são caraterísticas de diagnóstico. O queixo é preto, a cabeça, exceto a coroa, o pescoço, a parte superior do peito, as coberturas das asas e as penas interiores do voo são castanhas claras. Um barbilhão amarelo carnudo proeminente está presente à frente de ambos os olhos, encontrando-se acima com o bico e também de cada lado da fenda. As pernas são longas e delgadas. A íris é cinzento-prateada ou amarelo-pálido.

DISTRIBUIÇÃO

Esta espécie está limitada à Índia e ao Sri Lanka. Na Índia, pode ser encontrada em toda a península, Calcutá, Punjab e Haryana. É uma ave residente com movimentos locais. Encontra-se geralmente em terrenos abertos e secos. Ao mesmo tempo, está ausente dos desertos de Rajasthan e Gujarat. É geralmente mais pequeno do que o abibe-de-bico-vermelho e distingue-se facilmente com base na cor da barbela.

Figura: 97(a) Abibe *Vanellus malabaricus* **sentado nos ovos durante a incubação (b) Um ninho de abibe** *Vanellus malabaricus* **na cidade de Ansal Sushant, no distrito de Kurukshetra, na província de Haryana, na Índia.**

HÁBITOS ALIMENTARES

O abibe-de-bico-amarelo é uma ave de terrenos abertos e secos. Encontra-se sempre em terrenos baldios e campos arados, em pequeno número, geralmente três ou quatro e, por vezes, 10-15. Alimenta-se no solo e a sua alimentação consiste principalmente em escaravelhos, larvas, pequenos insectos, térmitas e outros tipos de alimentos semelhantes. Normalmente evita a proximidade de água, ao contrário do abibe-de-bico-vermelho.

HÁBITOS DE REPRODUÇÃO

A época de reprodução decorre de março a junho e, por vezes, no mês de julho. Os ninhos são sempre construídos no solo, a céu aberto, sem qualquer tipo de proteção. Mas, ao contrário do abibe-de-cabeça-vermelha, que prefere pôr os ovos em campos arados, o abibe-de-cabeça-amarela põe normalmente os ovos em terrenos baldios, onde abundam as ervas ou os arbustos selvagens. O ninho tem a forma de uma pequena depressão circular no solo, na qual estão presentes algumas palhinhas, seixos de terra e, por vezes, pequenos seixos. O ninho tem geralmente 3 a 4 polegadas de diâmetro e cerca de uma polegada de profundidade. A ninhada é constituída por quatro ovos. Os ovos são geralmente piriformes e estão dispostos no ninho de forma a que as suas pontas fiquem viradas para o centro, de modo a que todos os ovos fiquem posicionados num espaço mínimo. Os ovos estão sempre camuflados com o ambiente que os rodeia. Não são vistos de imediato pelos intrusos. A cor dos ovos é ligeiramente amarelada a esverdeada pálida ou cor de caroço de azeitona, pelo que ficam ocultos em relação à cor do solo. Ambos os progenitores participam na incubação, mas a fêmea dedica-lhe a maior parte do tempo. Durante a incubação, a ave molha as penas do ventre em tempo muito quente. A voz é geralmente um grito plangente - *twit, twit-twit-twit.*

CENÁRIO EM HARYANA

No que se refere a Haryana, o abibe de barbicha amarela encontra-se em muito menor número e também em alguns locais específicos de Haryana. Comparado com o abibe de barbela vermelha, o abibe de barbela amarela é muito pouco numeroso. Além disso, não se encontra em todo o lado. O abibe de cabeleira amarela foi observado apenas em alguns locais restritos, sempre em grupos de 10-12 aves, entre 2004 e 2007, no sector-3, Jindal Cho wk, Kurukshetra e na estrada do Kurukshetra Development Board (KDB - estrada de 60 metros de largura), perto de Brahmsarovar. No entanto, atualmente, o abibe-de-bico-amarelo não é visto nos seus locais anteriores. O seu número diminuiu drasticamente. Em Haryana, é normalmente avistado em lagos de aldeia como Amin, Kirmich, Umri, Sisla, Kanipla, Samani, Ansal Sashant City-sector-32, e Setor-4 perto do Ayurvedic College, Kurukshetra, Setor-8 e Ansal Harman city em Kurukshetra. Se o ritmo atual do seu declínio continuar sem um controlo adequado, a sua saída de Haryana é certa.

(51)Abibe-de-bico-vermelho *Vanellus indicus,* **Boddaert, 1783**
Nome comum: Abibe-de-cabeça-vermelha
Nome científico: *Vanellus indicus*
Ordem: Charadriiformes
Família: Charadriidae
Estatuto da IUCN: Pouco preocupante

CARACTERES GERAIS DO CAMPO

O abibe-de-bico-vermelho é uma ave muito familiar, frequentemente encontrada aos pares na proximidade da água. A sua plumagem superior é castanho-bronze com reflexos esverdeados e a plumagem inferior é branca, com o peito, a cabeça e o pescoço enegrecidos e um barbilhão carnudo vermelho-carmesim à frente de cada olho. A partir de cada olho, uma larga faixa branca desce pelos lados do pescoço e junta-se à parte inferior esbranquiçada. A maior parte das penas de voo é preta, com uma barra branca visível nas asas, os lados da parte inferior das costas, a garupa e a parte superior da cauda são brancos. A íris é castanho-avermelhada. Um barbilhão proeminente à frente de cada olho é vermelho, O bico é vermelho com a ponta preta e as patas são amarelas brilhantes. É vulgarmente designado por Titeeri. Produz uma voz alta "Did- ye -do it" ou, na maioria dos casos, "did-did-did-did" ou "kab-kab-kab". É uma ave residente em todo o subcontinente indiano

Figura: (98) Abibe de cabeça vermelha ***Vanellus indicus*** **na lagoa da aldeia de Bir-mathana no distrito de Kurukshetra na província de Haryana na Índia.**

Encontra-se geralmente aos pares ou, ocasionalmente, em pequenos bandos de 10-12 indivíduos, ao ar livre, na proximidade de água, em pequenos charcos, pequenas poças à beira da estrada, pequenas valas e nas divisões elevadas entre os campos de arroz, de trigo e nas culturas forrageiras. **HÁBITOS DE ALIMENTAÇÃO E REPRODUÇÃO**

A sua alimentação é constituída por escaravelhos, formigas, lagartas, insectos, moluscos e também matéria vegetal. A época de reprodução decorre de abril a julho e, ocasionalmente, em agosto. Em Haryana, a época de reprodução atinge o seu pico nos meses de abril e maio. O abibe-de-bico-vermelho é um criador terrestre. O seu ninho é uma depressão natural no solo forrada com seixos de lama, pequenas palhas e um pouco de bolos de estrume de vaca. Os ninhos são geralmente colocados em terrenos baldios ou pedregosos, em pousios, em leitos secos de tanques de aldeia. Os ninhos são também construídos, de forma invulgar, nos telhados das casas e dos edifícios públicos.

Figura: (99) Jovens recém-nascidos de abibe-de-mãos-vermelhas ***Vanellus indicus*** **na lagoa da**

aldeia de Sirsama, no distrito de Kurukshetra, na província de Haryana, na Índia.

CENÁRIO EM HARYANA

O abibe-de-bico-vermelho é uma ave terrestre muito visível, que pode ser encontrada em grande número nos campos, nos pavimentos agrícolas e nas piscinas de água pluvial próximas em Haryana. Pode ser observada em grande número nos campos de trigo colhidos e não arados em maio-junho, praticamente em todos os recantos dos campos agrícolas. É uma ave muito vocal. Sempre que pressente a invasão do seu território pelo homem, voa a baixa luminosidade, murmurando um som agudo e penetrante. Nestas circunstâncias, emite evidentemente um grito de alarme e voa em disparada. É também muito vocal durante as noites de lua cheia nos arredores das aldeias, cidades e outras habitações humanas recentemente estabelecidas. Sendo Haryana um Estado agrícola , o abibe-de-cabeça-vermelha distribui-se mais abundantemente do que o corvo comum ou o pardal-doméstico. Embora o abibe-de-cabeça-vermelha seja visto em grande número, os seus níveis de abundância entre as décadas de 1980 e 2010 tornaram-se raros. A enorme pressão, tensão e interferência dos seres humanos influenciaram negativamente espécies fortes e de vida difícil como o . O seu esmagamento pode ser comparado ao esmagamento do milhafre-real, da garça-real, do corvo comum, da mina-preta, da mina-dos-bancos, da perdiz-preta, etc. A sua continuidade em grande número num futuro longínquo parece ser completamente impossível. Em todo o caso, os abibes-de-bico-vermelho merecem ser apreciados pela sua beleza.

Figura: (100) Pintos de abibe-de-bico-vermelho *Vanellus indicus* **no campo, na aldeia de Amin, distrito de Kurukshetra, província de Haryana, na Índia.**

(52)Abibe de cauda branca *Vanellus leucurus* **Liechtenstein, 1823**

Nome comum: Abibe de cauda branca

Nome científico: *Vanellus leucurus*

Ordem: Charadriiformes

Família: Charadriidae

Estatuto da IUCN: Pouco preocupante

CARACTERES GERAIS DO CAMPO

O abibe de cauda branca é uma ave castanha clara e branca, muito semelhante ao abibe de barbatana amarela, mas não tem barrete preto e é sempre visto perto da água. As pernas são longas e amarelas. Os sexos são semelhantes.

Figura: (101) Abibe de cauda branca ***Vanellus leucurus*** **no lago da aldeia de Palwal no distrito de Kurukshetra na província de Haryana na Índia**

A plumagem superior é castanha. A cabeça e o dorso são castanho-rosados, a testa e os supercílios são branco-acinzentados claros. Na plumagem inferior, o queixo, a garganta e o pescoço são cinzentos-acinzentados e o peito é cinzento-escuro. O abdómen é de cor rosada e a parte inferior da cauda é de cor branca rosada.

O abibe de cauda branca (imaturo) é mais escuro, um pouco enegrecido, e as suas penas são proeminentemente orladas de castanho-ruivo e esbranquiçadas por baixo. É uma ave invernante comum na Índia, sendo normalmente observada no mês de outubro e permanecendo até março em cada estação invernal. Encontra-se sempre em zonas pantanosas onde há águas pouco profundas.

DISTRIBUIÇÃO

É comummente observada em Haryana, Punjab, Rajasthan, Gujarat, Madhya Pradesh, Uttar Pradesh, Bihar, Jharkhand e Chhattisgarh. É uma ave migratória invernal. É sempre observada em número minúsculo entre outubro e março de cada ano.

HÁBITOS DE REPRODUÇÃO

Reproduz-se na Rússia, na Sibéria e no Mar Cáspio e nas estepes do Quirguizistão, na Transcaspia, no Irão e no Iraque. Durante a migração, formam grandes bandos, mas na sua zona de invernada, encontram-se normalmente em pequenos bandos de 4-20 aves. Alimenta-se normalmente na companhia de perna-vermelha, maçarico-real e, por vezes, na companhia de cegonhas e de íbis-brancos orientais.

Figura: (102) Abibe de cauda branca ***Vanellus leucurus*** **na lagoa da aldeia de Palwal, no distrito**

de Kurukshetra, na província de Haryana, na Índia.

A época de reprodução decorre de maio a junho. A ninhada tem 4 ovos e é sempre depositada em depressões pouco profundas nas margens de terrenos pantanosos.

CENÁRIO EM HARYANA

No que respeita a Haryana, é normalmente observada em charcos, sarovares, lagos, lagoas e em campos não delimitados. Foi observada em várias lagoas de aldeia, como Palwal, Samani, Jirbari, Mathana, Dhurala e Kanipla,

Pharal, Pundri, Garhi Jattan, samana, Raipur Rodan, Koyar Majra, Nigdu e sirsama em vários distritos de Haryana. Foi sempre encontrada em modo ativo e a alimentar-se em águas pouco profundas, na companhia de pernilongos, pernilongos e íbis. Foi encontrada em pequenos grupos, ou seja, em 2-3-4 aves.

(53)Abibe *Vanellus duvaucelii*

(Lição, 1826)

Nome comum: Abibe do rio

Nome científico: *Vanellus duvaucelii*

Ordem: Charadriiformes

Família: Charadriidae

Estatuto da IUCN: Quase Ameaçado (NT)

CARACTERES GERAIS DO CAMPO

Os sexos são semelhantes. O abibe-do-rio é também designado por abibe-espigado. A testa, a coroa e a crista occipital, que se inclina sobre o dorso, são pretas. A plumagem superior é cinzento-acastanhada com as coberturas superiores da cauda e a cauda esbranquiçadas. As primárias e as coberturas primárias da cauda são pretas. As secundárias centrais são brancas. O queixo, as bochechas e a garganta do abibe são pretos e bordejados de branco. A parte superior do peito é branca, mas cinzento-vinoso nos lados do pescoço e cinzento-acastanhado na parte inferior do peito. As pernas e os pés são preto-avermelhados.

Figura: (103) Abibe *Vanellus duvaucelii* **no rio Yamuna, no distrito de Kamal, província de Haryana, na Índia.**

HÁBITOS ALIMENTARES

A sua alimentação consiste principalmente em pequenos insectos, vermes, crustáceos, algumas rãs, girinos de pequenos peixes e moluscos. A sua voz é geralmente aguda e aguda, repetida várias vezes quando as aves estão a voar e terminando algumas vezes como did-did-do-weet, did-did-do-weet.

HÁBITOS DE REPRODUÇÃO

A época de reprodução decorre de março a junho. O ninho é sempre uma raspagem pouco profunda na areia exposta ou na margem do rio, geralmente a céu aberto e não protegido por pedras. A ninhada é normalmente de quatro ovos, mas ocasionalmente de três.

CENÁRIO EM HARYANA

É uma ave residente com algumas deslocações locais em função das condições da água. É observada maioritariamente em bancos de areia, leitos de rios caudalosos, costas estuarinas e geralmente não é vista em águas estagnadas e em jheels. Encontra-se normalmente isolada ou aos pares e raramente forma pequenos grupos de 4-10 aves. O abibe é uma ave comum nas areias secas dos rios. A presença de um esporão bem desenvolvido na asa é uma caraterística de diagnóstico.

ORDEM: CHARADRIIFORMES
FAMÍLIA: LARIDAE (GAIVOTAS E ANDORINHAS-DO-MAR)

A plumagem é branca, preta e cinzenta. O bico é longo, forte, comprimido e reto em cima e ligeiramente curvado na ponta. A mandíbula inferior é ligeiramente angulada por baixo. As narinas são lineares, laterais e longitudinais.

As asas são compridas. As andorinhas-do-mar são geralmente mais pequenas do que as gaivotas. Os sexos são semelhantes. Na plumagem de inverno, a cabeça das gaivotas de cabeça branca torna-se mais escura com estrias, enquanto a gaivota de cabeça preta passa a branca.

(54)Garajau-do-rio *Sterna aurantia* **J.E.Gray, 1831**
Nome comum: Andorinha-do-mar
Nome científico: *Sterna aurantia*
Ordem: Charadriiformes
Família: Laridae
Estatuto da IUCN: Quase Ameaçado (NT)

CARACTERES GERAIS DO CAMPO

Os sexos são semelhantes. Uma ave elegante, cinzenta e branca, com asas pontiagudas e a presença de uma cauda longa e profundamente bifurcada é o diagnóstico. Na plumagem de inverno, a coroa é cinzenta opaca; a plumagem superior é cinzenta com cinzento-pérola na garupa e na cauda. A plumagem inferior é branca acinzentada. O bico é mais baço com a ponta preta. Na plumagem de reprodução, a coroa e os lados da cabeça são pretos brilhantes com verde. Existe uma mancha branca visível por baixo de cada olho. O bico é amarelo e pontiagudo. O bico é longo, fino e muito comprimido.

DISTRIBUIÇÃO

A andorinha-do-mar encontra-se em todo o subcontinente indiano, em Myanmar e na Península

Malaia. Distribui-se geralmente em todos os estados da Índia no que respeita às condições hídricas. É geralmente uma ave residente, mas também efectua viagens migratórias de longa distância consoante a disponibilidade de água.

É sobretudo uma ave fluvial que ocorre em pequenos grupos em todos os rios da Índia, mas pode ocorrer em jheels, pequenos lagos de aldeia, tanques de aldeia e pequenas e grandes zonas húmidas com águas pouco profundas. Voa geralmente acima da superfície da água para capturar as partículas de alimento, geralmente pequenos peixes. Geralmente, voam de forma muito graciosa, fazendo curvas sobre a superfície da água com toda a potência de voo. Quando o seu apetite está satisfeito, sentam-se em pequenos grupos nos bancos de areia ou no solo, geralmente perto da borda da água.

HÁBITOS DE REPRODUÇÃO

As andorinhas-do-mar reproduzem-se de março a maio nos bancos de areia dos rios, nas ilhas e ao longo da margem do rio. A andorinha-do-mar-dos-rios reproduz-se sempre em colónias com tarambolas, tarambolas-pequenas, andorinhas-do-mar-de-barriga-preta e também com abibes-pretos. Um ninho é apenas uma pequena depressão raspada na areia. As andorinhas-do-mar passam geralmente grande parte do seu tempo em actividades de pesca. A ninhada é constituída por 2 a 3 ovos.

Figura: (104) Garajau-do-rio *Sterna aurantia* **na lagoa da aldeia de Pundri, no distrito de Kaithal, província de Haryana, na Índia.**

CENÁRIO EM HARYANA

O River tem é uma ave húmida migratória de inverno em Haryana e é geralmente observada nas lagoas rurais de outubro a março de cada ano. É geralmente observada sentada no chão ou nas ilhas dentro do lençol de água. Não se empoleiram nas árvores nem nadam na água dos charcos rurais do Haryana. Encontram-se geralmente em pequenos bandos de 10 a 20 aves.

São sobretudo observadas em Palwal Village, Amin Village pond, Mathana Village pond, Kanipla village pond no distrito de Kurukshetra; Pundri village pond, Pharal village pond, Batta village pond, Brahminiwala village pond no distrito de Kaithal e Raipur rodan, Majra rodan, Koyar majra, nigdu village ponds no distrito de Kamal em cada estação de inverno.

Figura: (105) Garajau-do-rio *Sterna aurantia* **na lagoa da aldeia de Sirsal, no distrito de Kaithal, província de Haryana, Índia.**

(55)Gaivota de cabeça preta *Larus ridibundus*
Linnaeus, 1766
Nome comum: Gaivota de cabeça preta
Nome científico: *Larus ridibundus*
Ordem: Charadriiformes
Família: Laridae
Estatuto da IUCN: Pouco preocupante

CARACTERES GERAIS DO CAMPO

A gaivota-de-cabeça-preta é uma pequena ave que se encontra em grandes zonas húmidas de águas profundas no inverno, de outubro a março de cada ano. Pode ser facilmente identificada pelas manchas escuras à frente dos olhos e atrás da orelha durante a sua estada invernal.

Os sexos são semelhantes.

Na plumagem de inverno, a cabeça, o pescoço, a garupa e a cauda são brancos, juntamente com toda a plumagem inferior.

O dorso e as asas são cinzento-pérola e as penas de voo mais exteriores e as coberturas são brancas, com as pontas marcadas de preto. A presença de uma pequena marca castanha à frente dos olhos e atrás das orelhas é uma caraterística da gaivota-de-cabeça-preta. No verão, toda a cabeça e a parte superior do pescoço são de um castanho profundo. A íris é castanha escura e os bordos dos olhos, o bico e as patas são vermelho escuro.

O bico é comprimido e robusto. A mandíbula superior é curva e inclinada para baixo sobre a mandíbula inferior na sua extremidade. As asas são longas e prolongam a cauda. Os dedos posteriores são pequenos e os dedos anteriores são totalmente palmados.

Figura: (106) Gaivota de cabeça preta. *Larus ridibundus* no rio Yamuna, no distrito de Karnal, província de Haryana, na Índia.

DISTRIBUIÇÃO E HÁBITOS DE REPRODUÇÃO

Reproduz-se na Europa, na região mediterrânica e nos países asiáticos. Na Europa, reproduz-se de abril a julho-agosto em grandes colónias. Os ninhos são geralmente montes de matéria vegetal de forma circular, com um espaço central para a postura dos ovos, e são sempre construídos em terreno aberto ou em caniçais, sem qualquer tipo de proteção. O tamanho da ninhada é geralmente de três ovos, mas por vezes também se encontram dois ou quatro ovos. A camuflagem dos ovos também ocorre.

CENÁRIO EM HARYANA

É uma ave migratória de inverno no norte da Índia, incluindo Haryana. Visita os lagos das aldeias de Haryana no inverno, ou seja, de outubro a março. É pertinente referir que a gaivota-de-cabeça-preta é sempre observada em grandes jheel, pântanos, lagos, sarovares, rios e grandes lagoas com águas profundas em Haryana. No inverno, foi geralmente observada no lago da aldeia de Sandhir, no lago da aldeia de Raipur, no lago da aldeia de Gumthala e no lago da aldeia de Kunjpura, no distrito de Kamal. É frequentemente observada no rio Yamuna, em Haryana. É sempre observada no rio Yamuna onde existe uma quantidade suficiente de partículas de alimento sob a forma de peixes mortos, crustáceos, lixo e outros pequenos invertebrados. Ao contrário dos corvos-marinhos, nunca mergulha e apanha o peixe vivo. É uma ave gregária que forma sempre grandes bandos e é vista sentada na areia ou em terrenos planos ao longo das margens dos rios.

Figura: (107) Um pequeno bando de gaivota-de-cabeça-preta *Larus ridibundus* na barragem de

Okhla, perto de Nova Deli, na Índia.

É interessante notar que a gaivota-de-cabeça-preta é sempre encontrada em grande número, aos milhares, em grandes zonas húmidas ou santuários de aves na época de inverno, mas depois migra em pequenos bandos para várias zonas húmidas próximas para estadias mais curtas e muda sempre de posição em função da disponibilidade de alimentos de vez em quando.

(56)Gaivota-de-cabeça-castanha *Larus brullnicephalus* **Jerdon, 1840**

Nome comum: Gaivota de cabeça castanha

Nome científico: *Larus brullnicephalus*

Ordem: Charadriiformes

Família: Laridae

Estatuto da IUCN: Pouco preocupante

CARACTERES GERAIS DO CAMPO

Os sexos são semelhantes. Trata-se de uma gaivota de tamanho médio, muito parecida com a gaivota-de-cabeça-preta, mas que se distingue pelas manchas pretas nas pontas das asas. Toda a plumagem é branca com uma marca vertical crescente nos pavilhões auriculares na plumagem não reprodutora, ou seja, nas estadias de inverno da ave. Na plumagem de reprodução, toda a plumagem é ligeiramente cinzenta com a cabeça castanha escura e a cauda branca. O bico, as patas e as pernas são de um vermelho intenso.

Figura: (108) Um pequeno bando de gaivota-de-cabeça-castanha Larus *brullnicephalus* no rio Yamuna, no distrito de Yamunanagar, na província de Haryana, na Índia.

HÁBITOS DE ALIMENTAÇÃO E REPRODUÇÃO

A sua alimentação consiste essencialmente em resíduos de peixe, camarões, insectos, vermes, larvas e rebentos de várias culturas. Reproduz-se em Ladhakh, no território indiano, especialmente em "Tsokar e Tso Moriri" e também no Sudeste Asiático e na Península Arábica.

CENÁRIO EM HARYANA

Trata-se de uma espécie de bioma restrito. É uma ave migratória de inverno na Índia, incluindo Haryana. É sempre observada em grande número em grandes jheels, lagos, sarovares, grandes lagoas e grandes águas profundas com abundância de alimentos para animais. Em Haryana, é sempre encontrada na companhia da gaivota-de-cabeça-preta e da gaivota-de-pallas no rio Yamuna e em grandes lagos de aldeia, como Sandhir, Kunjpura, Raipur rodan, Garhpur Tapu no distrito de Karnal, Gumtthala no distrito de Yamunanagar, etc. Encontra-se sentada na margem do rio, na areia ou no chão, e apanha sempre peixes mortos, pois, tal como a gaivota-de-cabeça-preta, não mergulha nem nada na água à procura de alimento.

(56) Gaivota de Pallas *Larus ichthyaetus* **Pallas, 1773**
Nome comum: Gaivota de Pallas
Nome científico; *Larus ichthyaetus*
Ordem: Charadriiformes
Família: Laridae
Estatuto da IUCN: Pouco preocupante

CARACTERES GERAIS DO CAMPO

É a maior gaivota que se encontra em grande número em toda a Índia. Na plumagem não reprodutora, a sua cabeça é branca com estrias castanhas e pretas na coroa posterior. O seu bico é robusto e robusto e tem um aspeto amarelo com a ponta laranja com faixas pretas.

Na época de reprodução, a cabeça e a parte superior do pescoço são pretas e possuem duas manchas brancas crescentes, uma por cima do olho e outra por baixo do olho. O bico é robusto e amarelo com a ponta laranja com faixas pretas, tal como na plumagem não reprodutora.

Toda a plumagem é branca e o manto é cinzento-pérola com laivos de ardósia. As primárias são brancas e as mais exteriores têm uma banda negra sub-terminal com a ponta branca. As pernas e os pés são verde-amarelados.

Figura: (109) Gaivota de Pallas *Larus ichthyaetus* **em Sandhir no lago de Raipur Rodan Village no distrito de Kamal na província de Haryana na Índia**

HÁBITOS ALIMENTARES

A sua alimentação consiste normalmente em peixes e crustáceos. É maioritariamente carnívora. É uma ave migratória invernal muito comum, geralmente observada solitária ou em pequenos grupos. Reproduz-se na Ásia Central, no Tibete e ao longo da costa do sul da Ásia.

CENÁRIO EM HARYANA

Está amplamente distribuída no subcontinente indiano em grandes rios, jheels, barragens e grandes lagoas de águas profundas em grande número. Em Haryana, é normalmente observada em grande número no rio Yamuna e na barragem de Hathnikund, no distrito de Yamunanagar, em Haryana. É uma ave migratória de inverno e é sempre observada no inverno, de outubro a março, no rio Yamuna, na barragem de Hathnikund, em Yamunanagar, e em grandes lagoas, como a lagoa de Raipur Village, no distrito de Karnal, em Haryana.

Figura: (110) Um pequeno bando de gaivota-de-pallas *Larus ichthyaetus* **em Sandhir, no rio Yamuna, no distrito de Karnal, província de Haryana, na Índia**

CAPÍTULO 11

REFERÊNCIAS CITADAS

Ali S (1996) *The Book of Indian Birds.* 12th Edition (Revised and enlarged). *Oxford University Press,* Mumbai.

Ali S, Ripley SD (1987) *Handbook of the birds of India and Pakistan together with those of Bangladesh, Nepal, Bhutan and Sri Lanka.* Edição compacta. Delhi. *Oxford University Press.*

Ali, Salim & Ripley, S.D.(1968-1974) Handbook of the birds of India and Pakistan together with those of Nepal, Sikkim, Bhutan and Ceylon. 10 Volumes. Oxford University Press, Bombaim

Ali, Salim (1945): The Birds of Kutch. Oxford University Press, Bombaim

Ali, Salim (1949): Indian Hills Birds. Oxford University Press, Bombaim

Ali, Salim (1953): The Birds of Travancore and Cochin.
Oxford University Press, Bombaim

Ali, Salim (1962): The Birds of Sikkim. Oxford
Imprensa da Universidade, Bombaim

Anand Mohan, B. (2000). Birds in and around Srivenkateswara Wildlife Sanctuary, Andhra Pradesh. Zoos' Print Journal, Vol. (10): 330-448.

Aravind N.A., Rao, D. e Madhusudan, P.S. (2002) Additions to the birds of Biligiri Rangaswami Temple Wildlife Sanctuary, Western Ghats, India. Zoos Prints 16(7):541-547.

Ash, J.S. (1969): Spring weights of Trans-Saharan migrants in morocco. Ibis 111(1): 1-10

Comité de Conservação das Aves Aquáticas Migradoras da Ásia-Pacífico (2001). Estratégia de conservação das aves aquáticas migradoras da Ásia-Pacífico: 2001-2005. Wetland International -Asia Pacific. KualaLumper, Malásia. 67pp

Bailey, R.S. (1971): Observação de aves marinhas ao largo da Somália. Ibis 113: 29-41.

Bairlein, F. (2003): The study of bird migrations- some future perspectives. Estudo das aves, 50:243-253

Baker, E. C. Stuart (1922-1931). *Fauna da Índia Britânica.* Aves (2ª edição). 8 Volumes. Taylor & Francis, Londres.

Baker, E.C.S., 1935. The *Nidification of Birds of the Indian Empire,* Taylor and Francis, Vol.-4.

Baral, N., Gautam, K. e Tamang, B. (2005). Population status and breeding ecology of Whiterumped Vulture (Gyps benghllensis) in Rampur Valley, Nepal. Forktail 21: 87-91

Barbraud, C., Lepley, M., Mathevet, R. e Mouchamp, A. (2002) Reed bed selection and colony size of breeding Purple Herons *Ardea purpurea* in southern France. Ibis vol.144 (2): 227-235

Barman, R., Sikia, P., Singha, H.J., Talukdar, B.K. e Bhattacharjee, P.C. (1995). Estudo da tendência populacional das aves aquáticas em Deepar Beak Wildlife Sanctuay, Assan. Pavo. Vol. 33(l):25-40

Barua, M. e Sharma, P. (1999): Birds of Kaziranga
Parque Nacional, Índia. Rabo de Garfo 15: 47-60

Birand, A. e Pawar, S. (2004): An ornithological survey in North-east India. Forktail 20: 15-24

Birdlife International (2001) Threatened Birds of Asia: The Birdlife International Red Data Book- Cambridge, U.K. Birdlife International 246PP.

Birdlife International (2014) The BirdLife checklist of the birds of the world: Versão 7. Descarregado de http:// www.birdlife.org / datazone/userfiles / file /Species / Taxonomy/ BirdLife_ Checklist_ Vers on_70.zip [.xls zipado 1 MB].

Bisbet, I.C.T. (1963) Weight loss during migration, part-1. Bird -Banding 34:139-159.

Bodenstein, G., e Schuz, E. (1944) Vom Shleitenzug des Prachttauchers (Colymbus arcticus) ornithologysche montsberichte, 52:98-105

Boos, M., Zorn, T., Maho, Y.L, Groscolas, R.e Robin, J. P. (2002) Diferenças entre os sexos na composição corporal dos patos-reais invernantes (Anas platyrhynches): Possíveis implicações para a sobrevivência e o desempenho reprodutivo. Bird study. Vol. 49:212-218

Butler, A.L, 1899. The birds of the Andaman & Nikobar Islands. Parte-1 J. Bombay Nat. Hist. Soc., 12(2): 386-403.

Cameron, R.A.D., Cornwallis, L., Percival, M.J.L. e Sinclair, A. R.E. (1967): The migration of raptors and storks through the near East in autumn. Ibis 109(4) 489- 501.

Choudhury, A. (2006) Birds of Manas National Park, Guwahati: The Rhino Foundation

Collman. J. R. & CroxallJ.P. (1967): Spring migration at the Bosphorus. Ibis 109: 359 - 372.

Crook, J.H. (1963): A comparative analysis of nest structure in the weaver birds (Ploceinae). Ibis 105: 238-262

Daniels, RJ.R. (1991): Island Biogeography and birds of the Lakshadweep archipelago, Indian Ocean. J. Bombay nat. Hist. Soc. 88(3) 320 -

Dash, S. & Mohanty, P.K. (2002) A study on the Avian fauna in captivity at Nandankanan Zoological Park, Orissa. Zoos Print Journal, Vol. 17(4): 13-19

Daunt, F., Glasgaw, G., Monaghan, P., Wanless, S. e Harris, M.P. (2003) Sexual ornament size and breezing performance in female and male European Shags Phalacrocorax aristoteles. Ibis 145(l):54-60

Decandido, R.,Nualsri, C., Allen,d. and Bildstein , K.L. (2004) Autumn 2003 raptor migration at Chuphon, Thaiand : a globally significant raptor migration watch site. Forktail 20:49-54

Dewar, D. (1908): Local bird migration in India. J. Bombay nat. Hist. Soc. 18(2):343-356

Donald, C.H. (1952): Migração de aves através dos Himalaias. J. Bomay Nat. Hist. Soc. 51 (1): 269-271

Dorst, J. (1974). Adaptações das aves de Andaman e do Tibete: uma breve comparação. J. Bombay Nat. Hist. Soc.71 (3): 506-515.

Gadgil, M. (1972): The function of communal Roosts: Relevance of mixed roosts. Ibis Vol. 114:531-533

Gaston AJ (1975). Métodos de estimativa das populações de aves. J. Bombay Nat. Hist. Soc. 72(2): 271-283.

Gaston, AJ. (1968): The Birds of the Aladagh Mountains, Southern Turkey. Ibis 110: 17-26

Gaston, AJ. (1978). Distribution of Birds in relation to vegetation on the New Delhi ridge. J. Bombay Nat. Hist. Soc.75(2):257-265

Gaston, AJ. (1984). A destruição do habitat na Índia e no Paquistão está a começar a afetar o estatuto das aves passeriformes endémicas? J. Bombay Nat. Hist. Soc. 81: 636-641

Gopi Sunder, K.S. (2003): Notes on the breeding biology of Black-necked Stork (Ephippiorhynchus asiaticus) in Etawah and Mainpuri Districts, Uttar Pradesh, India. Forktail 19: 15-20

Gopi Sunder, K.S. (2005) Distribuição e extensão das garças de lago (Ardea grayii) com patas vermelhas na Índia. Indian Birds Vol. 1(5): 113-115

Grewal, B., (1993). Odyssey Nature Guide to Birds of India, Bangladesh, Nepal, Pakistan and Sri Lanka. Guide Book Company Limited. Hong Kong

Grewal. B., Harvey, B. e Pfister, P. (2003). A Photographic Guide to the Birds of the Indian subcontinents, Singapura, Periplus.

Grimmet, R., Inskipp, T. e Inskipp, C. (1998).Birds of the India subcontinent. Oxford University Pres, Delhi, 888pp.

Gupta, P. K., Gupta, R.C. e T. K. Kaushik (2013). Uma observação casual revela uma mudança acentuada nos padrões de alojamento de ninhos no caso de Pied Myna nos subúrbios urbanos da

cidade de Kurukshetra. *Journal of Experimental Zoology, India AS* (l):219-220.
Gupta, R. C, Kaushik T.K. and Kumar, S. (2009) Analysis of winter migratory Wetland Birds in Kamal district in Haryana. *J. Adv. Zool.:* 30 (2):104-117.
Gupta, R. C. Singh, D. e Kaushik, T.K. (2010) análise da biodiversidade aviária no bloco Lahaul do distrito de Lahaul-Spiti em Himachal Pradesh na Índia. *J. Natcon,* 22(l):267-274.
Gupta, R. C. Singh, D. e Kaushik, T.K. (2011) An analysis of Avian Biodiversity of Kinnaur district in Himachal Pradesh in India. J. *Natcon,* 23(l):61-70.
Gupta, R. C. Punia, R. e Kaushik, T. K. (2010a) A Peep into the Last Lurking Live Relics of Tortoises in Haryana State in India. *J. Expt. Zool. India.1^* (1):35- 38.
Gupta, R. C. e Kaushik, T. K. (2013). Milhares de aves migratórias de inverno ricas tornaram-se vítimas de Kurukshetra Utsav em Haryana, Índia. *Jornal Internacional de Ciências da Vida* .7(1):6-11. ISSN: 2091-0525
Gupta, R. C. e Kaushik, T. K. (2010a) Determinação do domínio do espetro relativo à diversidade de aves de zonas húmidas visitantes de inverno em perigo de extinção em Haryana. *J. Expt. Zool. India.13* (2):349-354
Gupta, R. C. e Kaushik, T. K. (2012). As zonas húmidas rurais tradicionais no estado de Haryana, na Índia, enfrentam atualmente ameaças multicornadas que conduzem à extinção mais cedo ou mais tarde. *Journal of Tropical life sciences.* Vol. 2(2):32-36.
Gupta, R. C. e Kaushik, T. K. (2014). Eliminação abrupta total de uma população restrita de abutres egípcios na autoestrada Delhi-Agra na Índia. *Revista Internacional de Ciências da Vida* 8(1): 18-22.
Gupta, R. C. e Kaushik, T.K. (2010b) Cálculo de aves de zonas húmidas em áreas rurais de Kurukshetra, Haryana, Índia. *J. NATCON.,* 22 (1):1-11.
Gupta, R. C. e Kaushik, T.K. (2010b) Determinação do espetro de aves migratórias de inverno no distrito de Yamunanagar em Haryana (Índia). *Environment conservation Journal,* ll(3):37-43.
Gupta, R. C. and Kaushik, T.K. (2010c) On the causative factors responsible for the pathetic plight of Yellow -wattled Lapwing in Kurukshetra suburbs *J. Natcon,* 22 (2):181-187.
Gupta, R. C. e Kaushik, T.K. (2010d). Understanding Rural Ponds' Migratory Avian Diversity in Panchkula District in Haryana, India [Compreender a diversidade aviária migratória dos lagos rurais no distrito de Panchkula em Haryana, Índia]. *J. Adv. Zool,* 31 (2):117-123.
Gupta, R. C. e Kaushik, T.K. (2011) Representação da diversidade dos visitantes de inverno em mais de setenta e cinco lagos rurais no distrito de Ambala, na Índia. *Jornal Nacional de Ciências da Vida,* Vol. 7(3) 2010: 07-14.
Gupta, R. C. e Kaushik, T.K. (2011) Sobre as tendências de esgotamento rápido dos corvos-marinhos nas zonas húmidas de Kurukshetra nos últimos vinte e cinco anos. *J. Expt. Zool. India.Vol.lA* (l):81-85.
Gupta, R. C. and Kaushik, T.K. (2011) On the fundamentals of natural history and present threats to Red-wattled Lapwing in Kurukshetra environs. *J. Appl. & Not. Sci.,* 3(l):62-67.
Gupta, R. C. e T. K. Kaushik (2011). Determinação das ameaças às aves migratórias de inverno em lagoas rurais em Haryana. Um estudo de caso - época de inverno de 2010. Conferência Internacional de Ornitologia, SACON.
Gupta, R. C. e T. K. Kaushik (2011). Insight into Wetland Winter Migratory Avian Biodiversity in Hathnikund Barrage in Haryana State in India. Revista Internacional de Ciências da Vida. Vol.5 (l):39-43.
Gupta, R. C. e T. K. Kaushik (2012). Um estudo de caso: para demonstrar a destruição total de uma lagoa rural vibrante: centro de mais de cem aves migratórias de inverno até 2005 AD. *Life Science Leaflets,* 4: 1-11.

Gupta, R. C. e T. K. Kaushik (2012). Um relato sobre os habitats e ameaças vis-a-vis da águia manchada indiana nos arredores de Kurukshetra em Haryana (Índia) *World Applied Science Journal.* 7 (3): 241-244.
Gupta, R. C. e T. K. Kaushik (2012). Descrição da biodiversidade aviária de Damdamma Jheel no distrito de Gurgaon em Haryana, Índia. *Journal of Tropical Life Sciences.2* (3):116-122.
Gupta, R. C. e T. K. Kaushik (2012). Observações de campo sobre maçaricos de pedra em Kurukshetra, Haryana, Índia e arredores. *Our Nature.10\71-75.*
Gupta, R. C. e T. K. Kaushik (2012). Spectrum of Threats to Nests of Yellow-wattled Lapwing *Vanellus Malabaricus* in Kurukshetra Outskirts-A Case Study [Espectro de Ameaças a Ninhos de Abibe de Gato Amarelo *Vanellus Malabaricus* nos Arredores de Kurukshetra - Um Estudo de Caso]. *J. Appl. & Nat. Sci.4 (l):75-78.*
Gupta, R. C. e T. K. Kaushik (2013) Discussing implications of Fast Depleting Rural Ponds on the Globally Threatened Wetland winter migratory bird in Haryana: Um estudo de caso da lagoa da aldeia de Nigdu no distrito de Karnal. Revista de Ciências da Vida Tropicais *Revista de Ciências da Vida Tropicais.3* (2):l-9.
Gupta, R. C. Parasher, M. e Kaushik, T.K. (2010) Analysis of Avifauna of Chilchilla Bird Sanctuary in Haryana, India. *J. Adv. Zool,* 31 (l):35-44.
Gupta, R. C. Parasher, M. e Kaushik, T.K. (2012) Documentação da diversidade aviária do Santuário de Aves de Khaparwas no distrito de Jhajjar em Haryana, Índia. *Revista internacional de ciências da vida, 6(l):10-20.*
Gupta, R. C., Punia, R. e Kaushik, T.K. (2011) A ignorância e a ganância das secções economicamente mais fracas da sociedade rural estão preparadas para eliminar as tartarugas em Haryana a um nível cifrado, mais cedo ou mais tarde. J. *Natcon,* 22 (2):217-222.
Gupta, R. C., Chandna, P e Kaushik, T.K. (2012) Uma análise da fauna aviária do reservatório de Tajewala no distrito de Yamunanagar em Haryana, Índia. *Jornal de Conservação da Natureza.* 24(1): 13-18. ISSN:0970-5945
Gupta, R. C., Chandna, P e Kaushik, T.K. (2012) Analysis of Wetland Birds as Seen in Yamuna River at Okhla (Delhi), Faridabad and Palwal Districts in Haryana, India". *Environment Conservation Journal.* 13(3):7-14.
Gupta, R. C., Kaushik, T.K. e Gupta, P.K. (2012) Computação da biodiversidade aviária em zonas húmidas rurais no distrito de Panipat em Haryana, Índia. *Jornal de Ciências Aplicadas e Naturais,* 4 (2): 252-257.
Gupta, R. C., Parsher, M. e T. K. Kaushik (2011) An Account on the Wetland Birds Diversity in Sultanpur National Park in Gurgaon District in Haryana State in India. *J. Natcon.* Vol.23 (2).
Gupta, R. C., Parsher, M. e T. K. Kaushik (2011) An Enquiry into the Avian Biodiversity of Bhindawas Bird Sanctuary in Jhajjar District in Haryana State in India. *J. Exp. Zool. India* Vol. 14, No. 2, pp. 457-465.
Gupta, R. C., S. Kumar, e Kaushik, T. K. (2010c) Computação da diversidade avi-faunal específica da rota em Morni Hills no distrito de Panchkula no estado de Haryana na Índia.J. *Adv. Zool.*31 (1): 1-9.
Gupta, R. C., T. K. Kaushik e Gupta, P.K. (2011) After House Sparrows' Depletion now it is the Turn of Red Vented Bulbul in Haryana and Punjab. *J. Exp. Zool. India* Vol. 14, No. 2, pp. 475-477.
Gupta, R. C., T. K. Kaushik e Gupta, P.K. (2013). As populações de cegonhas pintadas selvagens em Haryana são limitadas a poucas e distantes entre si: Uma análise. *Jornal de Zoologia Experimental, Índia.* 16(1):235- 238.
Gupta, R. C., T. K. Kaushik e Kumar, S. (2010a) Avaliação da extensão das aves das zonas húmidas

no distrito de Kaithal, Haryana, Índia. J. *Appl. & Nat. Sci.* 2(l):77-84.
Gupta, R. C., T. K. Kaushik e Parasher, M. (2011) On the death of an enchanting Bird Sanctuary and a robust wetland in Kaithal district in Haryana, India. *Revista Internacional de Ciências da Vida actuais.* Vol.l (3):48-54.
Gupta, R. C., T. K. Kaushik, and Kumar, S. (2010b) An account concerning arrival and departure time of few selected winter migratory birds in Haryana rural ponds. *Environment conservation Journal,* 11(1&2):1- 9. ISSN:
Gupta, R. C.; Kaushik, T.K. & Gupta, P.K. (2012) As aves migratórias húmidas de inverno em Haryana estão a enfrentar condições adversas nos charcos rurais, o que resulta numa redução do número de chegadas: A Case Study of Village Amin in Thanesar Block in Kurukshetra District. *Indian Journal of Fundamental and Applied Life Sciences, Vol. 2 (1) janeiro-março, pp. 1-7.*
Harris, J., Liying, S., Higuchi, H., Ueta, M., Zhengwang, Z., Yanyun, Z. e Xijun, N. (2000) Locais de paragem migratória e de invernada no leste da China utilizados pelos grous de cabeça branca Grus vipio e pelo grou de capuz Grus monacha, determinados por rastreio por satélite. Forktail Vol.16:93-99
Hartley, P.H.T. (1949) The biology of the Mourning Chat in winter Quarters. Ibis, 91:393-413
Hebrard, JJ. (1971) O início noturno da migração dos Passeriformes na primavera: Um estudo visual direto. Ibis.113: 8-18.
Hedenstrom, A. (2004) Migração e métricas de morfologia do pisco-de-peito-ruivo Calidris temminekii em Ottenby, Sul da Suécia. Ringing and Migration, 22:51-58
Holmes, D.A. e Wright, J.O. (1968) The Birds of Sind: A review. J. Bombay Nat. Hist. Soc.65 (30: 533 - 556.
Hussain, S.A. (1985) Status of Black-necked Crane in Ladakh - 1983. Problems and prospects. J. Bombay Nat. Hist. Soc. 82(3): 449-458.
Inskipp, C., Inskipp, T. & Grimmet, R. (1999) A Pocket Guide to the Birds of the Indian Subcontinent.
Isacch, J.P. Darrieu, C.A. and Martinez, M.M. (2005) Food abundance and dietary among migratory shore birds using grasslands during the non-breeding season. Water birds. Vol. 28(2): 238-245.
Ishtiaq, F. e Rahmani, A.R. (2000) Further information on the status and distribution of the Forest Owlet (Athene blewitti) in India. Forktail 16: 125-130
Ishtiaq, F., Rahmani, A. R., Javed, S. e Coulter, M.C. (2004). Caraterísticas do local de nidificação da cegonha-de-pescoço-preto (Ephippiorhynchus asiaticus) e da cegonha-de-pescoço-branco (Ciconia episcopus) no Parque Nacional de Keoladeo, Bharatpur, Índia J. Bombay Nat. Hist. Soc. 101(1): 9095
Jadhav, A. and Parasharya, B.M. (2004) Counts of Flamingoes at some sites in Gujarat State, India. Water birds vol. 27 (2): 141 -146.
Javed, S., Higuchi, H., Nagendran, M. & Takekawa, J. Y. (2003): Satelllite Telemetry and Wildlife studies in India: Advantages, options and challenges. Curr. Sci. 85(10) 1439-1443
Javed, S., Qureshi, Q. e Rahmani, A. R. (1999). Conservation Status and distribution of Swamp francolin in India (Estado de conservação e distribuição do francolim do pântano na Índia). J. Bombay Nat. Hist. Soc. 96(1): Ilie
Jayson. E. A. e Mathew, D. N. (2002). Structure and composition of the two bird's communities in the Southern Western Ghats. J. Bombay Nat. Hist. Soc.99 (1): 8-25
Jerdon, T.C. (1862-64). The birds of India. 2 Volumes (3 partes). Publicado pelo autor.
Kahlert, J. (2003): The constraint on habitat use in wing-molting Graylag Geese Anser anser caused by anti-predator displacements. Ibis 145(1): 45-52
Kannan, V. e Manakadan, R. (2005): The status and distribution of Spot-billed Pelican (Plecanus

philippensis} in Southern India. Forktail 21: 9-14

Kaushik, T. K. e Gupta, R. C. (2013) Compreender e analisar as coordenadas da diversidade de aves de zonas húmidas de Asan Barrage perto de Paonta Sahib, Norte da Índia. Our Nature 2013,11(2): 192-200.

Kaushik, T.K. e Gupta, RC (2014) Dinâmica da avifauna do rio Yamuna num segmento peculiar selecionado perto do distrito de Yamunanagar-Karnal no estado de Haryana na Índia. *Revista Internacional de Investigação e Engenharia para o Desenvolvimento!* (l):l-10.

Kaushik, T.K. e Gupta, RC (2014) Sarsa Village Wetland é um santuário para aves visitantes de inverno Vis-AVis Defunct Chilchilla Bird Sanctuary no distrito de Kaithal no estado de Haryana, Índia. Sanskar Chtna: Uma revista internacional de investigação.

Kaushik, T.K. e Gupta, RC (2014). As populações de milhafre-preto estão a sofrer tendências de declínio em Kurukshetra e é provável que se esgotem ainda mais - uma análise das causas. Jornal de Ciências da Vida Tropical.4 (1):14-18. ISSN: 2087-5517.

Kaushik, T.K. e Gupta, RC (2014).Lagoas rurais em deterioração: Uma ameaça para as aves de zonas húmidas migratórias ultramarinas nos subúrbios de Kurukshetra, Haryana, Índia. Jornal de Ciências Aplicadas e Naturais 6 (2): 570-577

Kaushik, T.K., Gupta, R C e Vats, P.K (2015) Saras Cranes in Palwal District in Southern Haryana are asking for immediate attention for their Last Rescue Efforts. *Journal of Tropical Life Sciences, 5(2):80-83.* ISSN: 2087-5517.

Kokko, H. 1999. Competition for early arrival in migratory birds. Journal of Animal Ecology 68:940950.

Konter, A. (2007) Response of Great crested Grebe to storm damage of Nests. Aves aquáticas. Vol. 30(1): 140 - 143.

Krishna Raju, K.S.R. (1978). Notas ecológicas sobre alguns migrantes na Índia. J. Bombay Nat. Hist. Soc. 75: 10801089.

Kulkarni C.V. e Ogale, S. N. (1978). Alimentação, crescimento e desenvolvimento inicial da truta da Índia (Barillus opsarius bolaham). J. Bombay Nat. Hist. Soc. 75(2): 266-268.

Kumar, A and Bhatt, A (2002) Characteristics and significance of song in female Oriental Magpie-Robin, (Copsychus saularis). J. Bombay Nat. Hist. Soc. 99(1): 54-57.

Kumar, A., Sati, J.P. e Tak, P.C. (2003). Checklist of Indian Water Birds. Buceros 8(l):l-30

Kumar, A., Sati, J.P., Tak, P.C. e Alfred, J.R.B. (2005). Handbook on Indian Wetland Birds and their Conservation: i-xxvi; 1-468 (Publicado pelo Diretor, Zool. Surv. India).

Kumar, S. e Sivaperuman, C. (2005) Bird Community structure in Ranthombhore National Park. Tiger Paper 32(2): 16-24.

Kurhade, S. (2004) Discovery of new nesting colonies of Grey Heron in Ahmedanagar District, Maharashtra. Newsletter for ornithologists Vol. 1 (4): 57

Lasiewski, R.C. (1962) The energetics of migrating humming birds. Condor, 64:324

Lefebvre, E.A. (1964) The use of D2O18 for measuring energy metabolism in Columbia livia at rest and in flight. Auk, 81: 403-416.

Lucca, C.D. (1969) Bird migration over the Maltese Islands. Ibis 111: 322-336

Mahabal, A. (2000) Birds of Taira Wild Life Sanctuary in lower western Himalaya, H.P., with notes on their status and altitudinal movements. Zoo's Print Journal, Vol. 15(10): 334-338

Mahabal, A. e. Bastawade, D. B. (1985) Population Ecology and Communal Roosting behaviour of Pariash

Milhafre em Pune (Maharashtra.). J. Bombay Nat. Hist. Soc.

82 (2): 337-345

Maheswaran, G, & Rahmani, A.R. (2005) Breeding behavior of the black-necked stork, Ephippierhynchus asiaticus, in Dudhwa N.P. India J. Bombay Nat. Hist., 102(3): 305-312.
Manakadan R e Pittie A (2001) Standardized Common and Scientific names of the birds of the Indian subcontinent. .6 (1): i-ix, 1-37.
Mathew, D.N. (1971) A Review of the recovery data obtained by the Bombay Natural History Society's bird migration study Project. J. Bombay Nat. Hist. Soc. 68(1): 45-85
Mazumdar, S., Ghosh, P. e Saha, G.K. (2005) Diversidade e comportamento das aves aquáticas em Santragachi Jheel, Bengala Ocidental, Índia, durante a época de inverno. Indian Birds 1(3): 68-69
McClure, H.E. (1974) Arrival and departure of migratory birds at Keoladeo National Park, Bharatpur J. Bombay Nat. Hist. Soc.Vol 71:31-34.
Mishra, C.D. and Droz, B.H. (1998) Avifaunal survey of Tsomariri Lake and adjouning Nuro Sumdo wetland in Ladakh, Indian Trans Himalaya. Forktail 14: 65-67
Moreau, R.E. (1967): Aves aquáticas sobre o Saara. Ibis 109:232-259.
Mukherjee, A. K. (1975) Food-Habits of water birds of the Sundarban, 24 Parganas District, West Bengal, India-V. J. Bombay Nat. Hist. Soc. 72(2): 421-447
Mukherjee, A., Borad, C.K., Parasharya, B.M. e Soni B.C. (2001) Factores que afectam a distribuição do grou Sarus (Grus antigone Antigone (linn.) no distrito de Kheda, Gujarat. J. Bombay Nat. Hist. Soc. 98 (3): 379384.
Mukherjee, A.K. (1971) Food-Habits of water birds of the Sundarban, 24-Parganas District, West Bengal, India-Il. J. Bombay Nat. Hist. Soc. 68(1): 17-44.
Muzaffar, S.B. (2004) Diurnal time-activity budgets in wintering Ferruginous Pochard (Aythya ryroca) in Tanguar Haor, Bangladesh. Forktail. 20: 25-27
Nisbet, I.C.T. (1963): Estudo quantitativo da migração com radar de 23 centímetros. Ibis 105(4): 435-460
Normon, G. J. (1986). Bandhavgarh National Park. Pamphlets of Madhya Pradesh, Tourism Department Cooperation.
Odum, E.P. e Perkinson, J.D. (1951): Relação do metabolismo lipídico com a migração nas aves. Physiologycal Zoology, 24:216-230
Parkes, K.C. (1975): Special review. Auk, 92: 818-830
Pauri, G. B. (1927). Migration of Wildfowl. J. Bombay Nat. Hist. Soc., 31 (4): 1034
Pennycuick, CJ. (1969): The mechanics of bird migration. Ibis 111: 525-555
Pfister, O. (2005) Ladakh: 26 de maio - 26 de junho de 2004.
Indian Birds vol. 1(3): 57-61
Picamelot, D.M., Zorn, T., Gendner, J.P, Mata, A. J. and Maho, Y.L. (2002) Body protein does not vary despite seasonal changes in fat in the White Stork Ciconia ciconia. Ibis Vol.144 (1): 1-10
Prasad, S.N., Ramachandra, T.V., Ahalya, N., Sengupta, T., Kumar Alok, Tiwari, A.K., Vijayan, V.S. e Vijayan, L. (2002) Conservation of wetlands of India a review. Tropical Ecology 43(1): 173-186.
Prater, S.H. (1931): The migration of White Stork. J. Bombay Nat. Hist. Soc. 35(2): 459.
Praveen J. e Nameer, P.O. (2008). Bird diversity of Siruvani and Muthikulam Hills, Western Ghats, Kerala. India Birds Vol. 3(6): 210-217
Price, T., Zee, J., Jamdar, K e Jamdar, N(2003): Birds species diversity along the Himalaya: A comparison of Himachal Pradesh with Kashmir. J. Bombay Nat. Hist. Soc. (23): 394-408.
Quardar, S. e Raza, R.H. (2008) migrant watch: A citizen science programme for the study of bird migration. Indian Birds. Vol.3(6): 202-209
Raha, B., Bhure, N., Sarda, R., e Bob, I. (2005) Avistamento de mergulhão-de-pescoço-preto (Podiceps nigricollis) na barragem de Gangapur, distrito de Nashik, Maharashtra, Índia. Indian Birds

vol. 1(1): 13.
Rahmani, A. R. e Manakadan, R. (1986) Movement and flock composition of the Great Indian Bustard (Ardeotis nigriceps (vigors) at Nanaj, Solapur district, Maharashtra, India. J. Bombay Nat. Hist. Soc. 83(1): 17-31
Rahmani, A.R. (1991) Birds of the Karera Bustard Sanctuary, Madhya Pradesh. J. Bombay Nat. Hist. Soc. 88: 170 -194.
Raj, M., Saikia, P. & Bhattacharjee, P.C. (1992) Conservation status of Aquatic Birds in unprotected areas of Goal Para District, Assam, India. Tropical Ecosystem; Ecology and management, 179-189
Rajeevan, P.C., Suraj e Kumar, S. C. (2004) A reprodução da garça-real (Ardea cinerea) em Kerala, Índia. Newsletter for ornithologists vol. 1(6): 87
Raveling, D.G. (1979) The annual cycle of body composition of Canada Geese with special reference to control of reproduction. AUK 96:234-252
Reddy, M.S. e Char, N.V.V. (2006) Management of lakes in India (Gestão de lagos na Índia). Lakes and Reservoirs Research and managementVol.il: 227-237
Reed, T.M. (1979) A contribution to the ornithology of the Rishi Ganga valley and Nanda Devi Sanctuary. J. Bombay Nat. Hist. Soc.76 (2): 275 -282.
Ripley, S. D., Beehler, B. M. e Krishna Raju. K. S. R. (1987) Birds of the Visakhapatnam Ghats, Andhra Pradesh, J. Bombay Nat. Hist. Soc.84: 540 -559.
Ripley, S.D. (1982) A Synopsis of birds of India and Pakistan. J. Bombay Nat. Hist Soc, Bombay.
Rowan, W. (1929) Experiment in bird migration, manipulation of the reproductive cycle: seasonal alterações histológicas nas gónadas. Procedimentos da Sociedade de História Natural de Boston, 39:151-208
Schielzeth, H., Eichharn, G., Heinicke, T., Kamp, J., Koshkin, M.A., Koshkin, A.V. e Lachmann, L. (2008) Waterbird population estimates for a key staging site in Kazakhstan: a contribution to wetland conservation on the central Asian flyway. Bird Conservation International. Vol. 18:71-86
Schmutz, J. A. (2001). Seleção de habitats por gansos-imperadores durante a criação de crias. Waterbirds 24:394-401.
Shah, G. M.e Qadri, M.V. (1988). Alimentação do pato-real, (Anas platy- rhynchos) na zona húmida de Hokarsar, Caxemira, J. Bombay Nat. Hist. Soc.85: 325 331.
Sharma, A.K., Lata, M. e Singh, L.P. (1983): The winter migration to Meerut India. Tiger Paper 11(1): 32
Sibley, C. G. & Monroe, B.L. (1990) Distributions and taxonomy of birds of the world New Haven: Yale University Press.
Singh A P (2005) Bird Watching in Kedarnath Muskdeer Sanctuary, Chamoli district, Uttaranchal: The Upper Garhwal, Himalayas. Indian Birds 1(5): 104-106
Stressmann, E. (1927-1934): Em Kukenthal, W. e Krumbach, T. Handbuchder Zoologic. Sauropsida. Aves W.de Gruyter and Co., Berlim e Leipzig.
Taher, H., Jaffer, H., e Jaffer, H. (2005). Anilhagem de aves em redor da cidade de Hyderabad, Andhra Pradesh, Índia. Indian Birds vol. 1 (4): 79-81
The wildlife (Protection) Act 1972 as amended upto 2003. Wild Life Trust of India, Nova Deli; 218PP.
Ticehurst, C.B., 1922. As aves de Sind, Ibis. 8 partes.
Tortosa, F.S, Perez, L. & Hillstrom, L. (2003) Efeito da abundância de alimento na data de postura e no tamanho da ninhada na
Cegonha branca Ciconia ciconia. Estudo de aves. Vol. 50 112115
Tryjanowski, P., Sparks, T.H., Ptaszyk, J. e Kasicki (2004) Do White Stork Ciconia ciconia always

profit from an early return to their breeding grounds, Bird study. Vol. 51: 222-227
Ueta, M., e Rayabtsev (2001) Migration routes of four juvenile Imperial Eagles Aquila helica from the Baikal region of eastern Russia. Bird Conservation International. Vol. 11: 93-99
Urfi, A. J. (2003): The birds of Okhla Barrage Bird Sanctuary, Delhi, India. Rabo de Garfo 19: 39-50
Urfi, AJ. & Kalam, A. (2006): Sexual size dimorphism and mating pattern in the Painted Stork (Mycteria leucocephala). Water birds vol. 29(4): 489-496.
Varu, S.N. and Trivedi, M.H. (2003) Recovery of ringed Demoiselle Crane Grus virgo in Kutch. J.Bombay Nat. Hist Soc. 100:634-625
Velando, A., Graves, J., Ruano, J.E.O, and Andrews, A. (2002) Sex ratio in relation to timing of breading and laying sequence in a dimorphic seabird. Ibis Vol. 144(1): 9-16
Verghese, A. Chakvarty, A.K. & Bhatnagar, R.K. (1980). Birdf life in Ghana Bird sanctuary, Bharatpur (Índia), Before & after the 1979 Drought. Cheetal.Vol. 23: No. 4
Waters, W. E. (1963): Observations on wintering birds and spring migrants in Tripolitania. Ibis 105: 179-184
Whistler, Huge (1949): Popular Handbook of Indian birds. Quarta edição (revista e aumentada): Publicado por Natraj Publishers, Dehradun.
Yesmin, R., Rahman, K. e Haque, N (2001): The breeding biology of the pond Heron (Ardeola grayii sykes) in captivity. Tiger Paper Vol. 28. (1): 15-18

Printed by Books on Demand GmbH, Norderstedt / Germany